ULRIKE AMLER

Pferdehaltung
artgerecht und gesund

KOSMOS

4	Was Pferde brauchen
5	Grundbedürfnisse von Pferden
8	Abstecher in die Vergangenheit

22	Der passende Stall für Pferd und Reiter
23	Den richtigen Stall auswählen
25	Entscheidungskriterien
28	Pferde halten – Fullservice bis komplette Selbstversorgung

54	Hier fühlen sich Pferde wohl
55	Tiergerechte Ställe planen und managen
64	So wohnen Pferde Haltungssysteme
71	Wie viel Sachkenntnis muss sein?
80	Pferdegerechte Ausläufe
90	Paddockzäune
95	Die richtige Einstreu
101	Einstreumanagement
104	Wohin mit dem Mist?

110	Leben in der Gruppe
111	Lebensraum Pferdeherde
111	Rangordnung im Gruppenlaufstall
117	Mit Erfolg eingliedern
130	Hengste in der Herde halten
131	Leistungssportler im Bewegungsstall?

134	Die Pferdeweide
135	Fitness im Freien
137	Zauntechnik: Pferde sicher halten
143	Unterstände und Wetterschutzbäume
145	Gesundheitsmanagement
147	Der Griff zu Schergerät und Decke

154	Service
155	Nützliche Adressen und Links
156	Zum Weiterlesen
158	Register
160	Impressum

Was Pferde brauchen

Grundbedürfnisse von Pferden

Es ist an der Zeit zu erkennen, dass Pferde nur gesund und leistungsbereit sein können, wenn man ihnen die Möglichkeit gibt, Pferd zu sein.

Gut gemeint, aber schlecht gemacht?

Pferdehalter wollen immer das Beste für ihre Tiere. Zahlreiche Bücher und Zeitschriften bieten Informationen. Auf Reiterstammtischen und in Internetforen wird lebhaft, manchmal sogar erbittert um das richtige Wie, Was, Wann und Warum in der Pferdehaltung gestritten. Pferde richtig, artgerecht und gesund zu halten macht sich schließlich jeder Pferdehalter zum Anspruch, ob er seine Tiere selbst versorgt oder in die Obhut eines der zahlreichen Pensionsbetriebe gibt. Nichtsdestotrotz ist der Informations- und Aufklärungsbedarf groß. Während die Do-it-yourselfer unter den Pferdehaltern häufig mit kleinen und großen Kompromissen im Alltag kämpfen, sollten auch Einsteller umfangreiche Kenntnisse über Haltungsthemen haben, um selbst möglichst objektiv beurteilen zu können, ob ihr Pferd wirklich gut untergebracht ist. Sie stellen sich einerseits die bange Frage, ob mögliche gesundheitliche Probleme oder Leistungsschwankungen der Vierbeiner ihre Ursache in den Haltungsbedingungen, dem Reiten oder unpassender Ausrüstung haben. Andererseits formulieren sie häufig unrealistische Ansprüche an ihre Stallbetreiber. Auf der Suche nach der optimalen Versorgung aller Ansprüche des Pferdes und – nicht weniger wichtig – denen des Besitzers, sollen natürlich auch die Kosten im Rahmen der finanziellen Möglichkeiten des einzelnen Besitzers bleiben.

Viele Rassen gelten als gesund, widerstandsfähig und fruchtbar, während andere im Ruf stehen, besonders empfindlich zu sein. Entsprechend hoch sind der Betreuungsaufwand und der finanzielle Aufwand für Equipment, Futter und medizinische Versorgung. Sieht man jedoch genauer hin, werden die als robust geltenden Rassen sehr viel häufiger auch „robust" oder schlichtweg ihren Bedürfnissen entsprechend auf großen Flächen und unter Artgenossen gehalten. Der Zusammenhang zwischen der „Zumutung einer robusten Haltung" und der Gesundheit bestätigt sich dort, wo sich auch um die sogenannten Robustrassen eine aufstrebende Sport- oder Showszene entwickelt und die artgerechte Haltung zugunsten eines intensiven Sporttrainings und Turniererfolgen aufgegeben wird. Diese Tiere entwickeln in kurzer Zeit ähnliche Zivilisationskrankheiten wie ihre Sportkollegen anderer intensiv im Reitsport aktiver Rassen. Pferdesport und artgerechte Haltung schließen sich jedoch nicht aus, wie viele Turnierreiter im Großpferde- und Ponysport immer wieder beweisen. Vielmehr sind hier auch die Sportverbände und das Richtwesen gefordert, die in Prüfungen Vorstellungen von Pferden hoch bewerten, welche auf unnatürlichem Verhalten basieren, das sich letztlich auf die Haltung zurückzuführen lässt. Wer sein Dressurpferd für mehr „Pepp" und spektakuläre Spanntritte im Viereck in der Box hält, trägt eher der leider immer noch als normal akzeptierten Boxenhaltung Rechnung und ignoriert seine Verantwortung für das Lebewesen – nicht das Sportgerät – Pferd. Zwischen Wildpferden und dem heutigen Sportpferd bestehen keine Unterschiede: Alle Körperfunktionen und Organe sind gleich. Die Pferde haben von Geburt an das gleiche Entwicklungs- und Gesundheitspotenzial. Entsprechend muss der Befriedigung der natürlichen Bedürfnisse Rechnung getragen werden.

Die Vorteile artgerechter Haltung sind schon lange bekannt: Die Organe und alle wichtigen Körperfunktionen, die vor allem beim Sportpferd als Leistungsparameter dienen, können sich gesund entwickeln und erhalten. Das Herz-Kreislauf-System, die Atemwege und der Bewegungsapparat sind leistungsfähig. Das Verhalten ist artgemäß ausgeglichen und kooperativ. Entgegen dieser gesicherten Erkenntnisse halten wir immer noch viel zu viel Pferde in hochgeschlossenen Boxen und rechtfertigen uns damit, sie seien zu wertvoll, zu verletzungsanfällig, zu empfindlich, zu unverträglich, zu … Wir verursachen durch Bewegungsmangel Lahmheiten, die wir langwierig therapieren müssen. Wir verursachen Hufprobleme, mit denen Huftherapeuten sich ihren Lebensunterhalt verdienen. Wir verursachen Steifheit und Bewegungsunsicherheit, die wir mühsam gymnastizieren. Wir provozieren kostspielige und leistungsmindernde Atemwegserkrankungen und Allergien, die scheinbar aufwändige Futterumstellungen notwendig machen. Wir scheren Pferde, um sie danach mit teuren Hightech-Stoffen einzudecken. Wir verursachen durch unsachgemäße Fütterung lebensgefährliche Koliken und halten sie in der Pferdehaltung für lästig, aber normal. Wir provozieren gestörte Verhaltensweisen und Unarten, um anschließend Pferdeflüsterer zu Rate zu ziehen. In diesem Teufelskreis fahren wir Karussell bis das Pferd unreitbar wird und damit aussteigt. Dabei ist es nur ein vergleichsweise kleiner Schritt, dieser Haltungsfalle zu entrinnen: Wir müssen uns bewusst werden, dass das Pferd ein Lebewesen ist, dessen natürliche Bedürfnisse aus einer Jahrmillionen dauernden Entwicklung, geprägt durch harte Lebensbedingungen, stammen. Menschen, die Pferde reiten, waren in dieser Entwicklung bis vor wenigen tausend Jahren nicht vorgesehen. Für diese großartige Möglichkeit müssen wir auch Sport- und Freizeitpferden den Lebensraum geben, der ihrer Natur entspricht.

Entspannung und Harmonie kann man nur auf gelassenen Pferden erleben.

Gesunde, artgerechte Pferdehaltung setzt vor allem eines voraus: Pferdebesitzer und Stallbetreiber müssen die Bedürfnisse der Tiere kennen, ernst nehmen und konsequent darauf reagieren. Dies kostet erst einmal weniger Geld als Zeit, ganz sicher aber die Bereitschaft, seine vierbeinigen Partner als Lebewesen anzuerkennen, sich das notwendige Wissen anzueignen und konsequent umzusetzen.

Einem Wimpernschlag seiner Entwicklungsgeschichte entspricht die Zeit seit seiner Zähmung durch den Menschen.

Dieser Verantwortung muss sich jeder stellen, der Pferde besitzt, reitet, trainiert oder sein Geld als Stallbetreiber verdient. In der artgerechten Pferdehaltung gibt es, bei aller medialen Fülle diskutierter Themen, eine überschaubare Zahl von Eckdaten, die wiederum eine große Vielfalt von individuellen Lösungen für die Pferde und ihre Menschen erlauben. Artgerechte und gesunde Pferdehaltung ist weniger eine Frage der Wirtschaftlichkeit, sondern der Bereitschaft, sich auf die Vierbeiner und ihre Bedürfnisse einzulassen. Wer sich dieser Verantwortung stellt, wird seine Freizeit mit freundlichen, leistungsbreiten und gesunden Pferden teilen und als Stallbetreiber langfristig zufriedene Kunden haben. Artgerechte Haltungssysteme sind in hohem Maß von der Eigeninitiative der Pferdebesitzer abhängig. Der Nachfragedruck nach artgerechten Stallanlagen wird dann auch die Angebotsseite in Bewegung bringen.

Abstecher in die Vergangenheit

Das Pferd hat eine Entwicklungsgeschichte von rund 55 Millionen Jahren hinter sich. Aus den mehrzehigen, nur etwa fuchsgroßen, Blätter fressenden Waldbewohnern entwickelten sich in der Folgezeit langbeinige, Gras fressende Bewohner offener Gras- und

Steppenlandschaften. Durch zahlreiche fossile Funde ist die Entwicklungsgeschichte des Pferdes eine der am besten dokumentierten innerhalb der Gruppe der Säugetiere. Das Pferd in seinem heutigen Erscheinungsbild ist einerseits ein hoch spezialisierter Graslandbewohner, andererseits hat die Gattung Equus, zu der auch Esel und Zebras zählen, bereits über Jahrmillionen ihre große Anpassungsfähigkeit an sich folgenreich ändernde Umweltbedingungen unter Beweis gestellt. Hinsichtlich Körperbau und Verdauungssystem hatten vor allem wechselnde Klimabedingungen maßgeblichen Einfluss auf die evolutionäre Entwicklung.

Seit rund 1,5 Millionen Jahren ist es seinem heutigen Erscheinungsbild (Wildpferd) sehr ähnlich, während der Mensch (Homo sapiens) erst seit 200 000 Jahren fossil belegt ist. Vor dem Hintergrund dieser über Jahrmillionen erfolgten Evolution der Vierbeiner sind jedoch die künstlichen Umweltbedingungen, denen domestizierte Pferde heute ausgesetzt sind, die wohl größte Herausforderung überhaupt in ihrer Entwicklungsgeschichte. Heute werden Pferde vor allem in der industrialisierten Welt, vorwiegend für den Sport, die Freizeitunterhaltung und Show gehalten. Außer im großen Sport dienen sie nur recht selten zum Broterwerb. Trotzdem werden sie in der Mehrzahl unter Bedingungen gehalten, die ihrem Naturell in keiner Weise gerecht werden.

Survival of the fittest

Auf dem Weg zum modernen Pferd war in mancher entwicklungsgeschichtlichen Sackgasse der Überfamilie der Equoidea (Pferdeartige) Schluss.

Das Propalaeotherium ist ein relativ früh ausgestorbener Seitenzweig in der Ahnentafel des Pferdes. Der Abdruck stammt von einem Urpferdchen aus der Grube Messel bei Darmstadt, das die letzten etwa 50 bis 42 Millionen Jahre im Ölschiefer geruht hat. Bereits auf dieser Entwicklungsstufe wurden entscheidende, das Pferd charakterisierende Entwicklungen eingeleitet: das Urpferdchen gilt mit seinem verhältnismäßig großen Darmtrakt unter Paläobiologen bereits als Dickdarmfermentierer. Funde von Muttertieren mit nur einem Fötus weisen auf die pferdetypische Fortpflanzungsstrategie und ein Leben in Herden oder wenigstens Kleingruppen hin.

„Die Freiheit ist der Atem des Lebens."
Alfred Delp

Der verantwortungsvolle Versorger
Vor etwa 6 000 Jahren hat sich das Pferd – sicher nicht ganz freiwillig – in die Obhut des Menschen begeben. Aus dem zweibeinigen Jäger wurde ein Herr und Hüter dieser kraftstrotzenden und trotzdem so sanftmütigen Geschöpfe. Seither begleiten Pferde den Menschen in treuer Ergebenheit. Erst sie haben uns die weiträumige Erschließung von Lebensräumen, den Handel aber auch Krieg und Eroberungen ermöglicht. Für die landwirtschaftliche Entwicklung und den Handel spielten Pferde seit mehreren tausend Jahre ein große Rolle. Umso mehr verwundert es, dass dem treuen Begleiter des Menschen heute, wo Pferde überwiegend zum Zeitvertreib und Sport gehalten werden, oft so wenig Befriedigung ihrer natürlichen Bedürfnisse zugestanden wird.

Pferde brauchen fürsorgliche, qualifizierte und verantwortungsvolle Bezugspersonen: Pferdebesitzer und Reiter, Züchter, Pferdesportler und Stallbetreiber – die mit Pferden umgehen und Entscheidungen für sie treffen – müssen sachkundig sein. Der Umgang mit Pferden muss artgerecht, konsequent und ruhig sein. Ängstliche Menschen verunsichern Pferde und führen ebenso wie laute, grobe und unberechenbare Zeitgenossen zu einem abwehrenden Verhalten. Pferde kommunizieren fast ausschließlich über eine differenzierte Körpersprache, während der Mensch sich vorwiegend verbal mitteilt und seine Körpersprache selbst unter seines gleichen nicht immer authentisch ist. Dies kann im Miteinander mit Pferden zu Missverständnissen führen, die Sie durch eine klare Körpersprache jedoch leicht vermeiden können.

Pferde haben heute vor allem unter Freizeitreitern den Stellenwert eines Familienmitglieds. Wir sind ihnen enger denn je emotional verbunden und handeln viel weniger rational als frühere Generationen, die mit Pferden arbeiten mussten. Das darf uns Menschen aber nicht dazu verleiten, Entscheidungen für Pferde aus menschlicher Sicht zu fällen. Die Bedürfnisse von Pferden unterscheiden sich grundsätzlich von unseren. Besonders schwer nachvollziehbar ist das für uns beispielsweise bei der Körperpflege und dem Bedürfnis bei Wind, Wetter und Kälte freien Zugang zu frischer Luft zu haben. Das muss uns täglich bewusst sein. Als Tierfreunde sind wir in der Verantwortung diese Bedürfnisse ernst zu nehmen und Haltung, Nutzung, Fütterung sowie Gesellschaft danach auszurichten. Das

Pferde danken Zuneigung und Fürsorge mit Motivation und Leistungsbereitschaft.

bedeutet auch, die eigenen Erwartungen an unsere Pferde und die Nutzung zum Wohle der Tiere zurückzustellen, wo es notwendig ist. Pferde sind mit einer Lebenserwartung von 25 bis weit über 30 Jahren bei kleinen Rassen – zum Glück – sehr langlebige und treue Lebensbegleiter. Umso wichtiger ist es, Fehler, die zu gesundheitlichen Schäden und einem frühen Nutzungsausfall führen können, zu vermeiden. Wer profitiert schon davon, wenn ein Pferd früh im Sport Erfolge hat, aber durch falsche Haltung und unüberlegte Nutzung mit 15 Jahren in den gesundheitsbedingten Vorruhestand ausscheidet. Solche Frührentner benötigen dann meist eine kostspielige und intensive medizinische Betreuung. Nur in seltenen Fällen sind sie noch im Freizeitbereich eingeschränkt reitbar.

Das Lauftier Pferd ist immer in Bewegung

Pferde sind Fernwanderwild. In freier Wildbahn legen Wildpferde in der Gruppe auf der Futtersuche in ihren meist kargen Lebensräumen viele Kilometer zurück: In der Literatur finden sich Angaben zwischen 15 und 30 Kilometern pro Tag während der rund sechzehnstündigen über den Tag verteilten Aktivitätsphasen. Diese Strecken bringen die Tiere meist fressend und in körperlich entspannter Dehnungshaltung im Schritt hinter sich. Entsprechend ist der Pferdekörper auf diese täglichen Ausdauerleistungen spezialisiert. Das leistungsfähige Herz wird von der Pumpfunktion des Hufmechanismus unterstützt.

Kreislauf, Atmung und Verdauung sind funktional auf diese Ausdauerbewegung angewiesen. Nur ein solcher, praktisch jederzeit auf Betriebstemperatur befindlicher Organismus war und ist in der Lage, das Fluchttier Pferd in Gefahrensituationen schadlos von Null auf Höchstgeschwindigkeit zu beschleunigen und kurzfristig Höchstleistungen erbringen zu lassen.

Die harten Böden der trockenen Grassteppen und Gebirgsregionen haben zur Entwicklung des Zehengängers mit einem von hartem Horn geschützten und dennoch beweglichen Huf beigetragen. Auch der Muskel-, Band- und Sehnenapparat ist an diese Bodenverhältnisse angepasst. Dabei sind Pferde sehr trittsicher. In freier Wildbahn liegen Hornwachstum und Abnutzung meist in einem guten Gleichgewicht. Während andere Wildpferdeschläge, beispielsweise der Steppentarpan (Equus ferus gmelini) und Rassen aus Steppen-, Halbwüsten- oder Wüstengebieten meist kleinere, sehr feste Hufe haben, besitzen Wildpferdeschläge, wie der Waldtarpan (Equus ferus sylvaticus) oder Ponyrassen aus sumpfigen Gegenden, im Verhältnis eher größere Hufe. Haben Pferde keine Möglichkeit, ihren Bewegungsdrang gleichmäßig über den Tag verteilt auszuleben, sind Erkrankungen des Bewegungsapparates bis zum Totalausfall, Verdauungsprobleme, Atemwegserkrankungen und Verhaltensstörungen die Folge. Kaum ein in der Box gehaltenes Pferd bleibt vor diesen Problemen dauerhaft verschont. Reiten kann kein Ersatz zur Befriedigung dieses umfangreichen Bewegungsbedürfnisses sein. Entsprechend wichtig ist die kritische Überprüfung dessen, was wir heute als Standard in der Pferdehaltung viel zu oft kritiklos hinnehmen.

Dauerfresser sind immer hungrig

Das einstige Steppentier Pferd ist von Natur aus auf die Aufnahme kleinster Futtermengen eingestellt. Die kargen Graslandschaften ihres natürlichen Lebensraums bieten nur energiearmes, aber strukturreiches Futter, und entsprechend gering ist der Bedarf eines großvolumigen Magens. Das kommt auch dem instinktiven Fluchtverhalten entgegen, denn mit einem stets vollen und großen Magen sind im Gefahrenfall kaum hohe Geschwindigkeiten zu erzielen. Das kleine Magenvolumen des Pferdes macht aber eine entsprechend lange Futteraufnahmezeit notwendig. In freier Wildbahn sind Pferde durchschnittlich 16 bis 18 Stunden mit Fressen von sehr rohfaserhaltigem Futter und der damit verbundenen Vorwärtsbewegung beschäftigt.

Die Futteraufnahme wird immer wieder von kurzen Ruhephasen unterbrochen. Pferde selektieren ihr Futter dabei sehr sorgfältig. Unter den üblichen Haltungsbedingungen können die wenigsten Pferde dieses natürliche, ihrem gesamten Organismus zugute kommende Fressverhalten ausleben. Sie werden meist mit langen Futterkarenzzeiten konfrontiert und mit zu energiedichten Futtermitteln geradezu abgespeist.

Frische Luft hält gesund

Die vierbeinigen Ausdauersportler verfügen über eine großvolumige Lunge. Die Luftwege von den Nüstern bis zur Lunge sind lang. Entsprechend wichtig ist es, den Pferden die Möglichkeit zu geben regelmäßig „tief durchzuatmen" und Verunreinigungen wie Staub und Pollen loszuwerden. Dies geht am besten mit Bewegung an frischer, keim- und staubfreier Luft. Probleme mit ungesund hoher Luftfeuchtigkeit, Kondenswasser, Staub, Pilzen und der Emission von reizendem Ammoniak und Methan aus dem Mist unter ihren Füßen kennen Pferde in freier Wildbahn nicht. Entsprechend sensibel reagiert das Atemwegssystem auf alle Störungen bei ungünstigen Haltungsbedingungen, wie sie grundsätzlich in geschlossenen Stallanlagen mit schlechter Luftzirkulation ohne freien Zugang zu frischer Luft vorzufinden sind.

1 Abmarsch Jungs! Keinen Grund zur Flucht vor Fressfeinden haben diese Przewalski-Junghengste in einem Auswilderungsprojekt im Tennenloher Forst in Nordbayern.
2 Karge Futterflächen bedeuten pferdegerechtes Slowfood.

Das dichte Winterfell und ein großzügiges Unterhautfett schützen dieses Pony im Nordtyp. Südpferdetypen sind ebenso klimafest auch wenn ihnen trockene Kälte eher liegt.

Hunger nach Licht

Der Lichthunger von Pferden ist nahezu unersättlich. Mehr als alle andere landwirtschaftliche Nutztiere und vor allem mehr als der ehemalige Höhlenbewohner Mensch ist der Pferdeorganismus von Tageslicht abhängig. Für das Funktionieren wichtiger Körperfunktionen wie Stoffwechsel (Vitamin D-Synthese), Hormonhaushalt und Immunsystem ist Licht unersetzlich. Fruchtbarkeitsstörungen und Kümmerwuchs bei Fohlen, aber auch Blutarmut sind Indikatoren für Lichtmangel. Das Lichtbedürfnis kann im Prinzip nur durch ganztägigen Auslauf im Tageslicht gestillt werden.

Klimareize locker aushalten

Pferde haben eine hervorragende Thermoregulation, die ihnen ein Leben selbst in extremen Lebensräumen ermöglicht. Die natürlichen Habitate der einstigen Steppenbewohner liegen zwischen den polaren Wendekreisen und subtropischen Wüsten und Halbwüsten. Extreme Tagesamplituden der Temperatur von rund 50 °C in der arabischen Wüste stecken akklimatisierte Pferde so problemlos weg wie hohe Jahresamplituden in den kontinentalen Klimazonen der zentralasiatischen Hochebenen. Dabei tragen nicht nur die als robust geltenden nordischen Ponyrassen das Label „klimafest". Diese genetisch fixierte Anpassungsleistung erbringen auch alle blutbetonten Pferderassen wie Araber, Vollblüter und Warmblutpferde.

Gemeinsam stark

Pferde sind „Familientiere". In freier Wildbahn leben sie in altersgemischten Familiengruppen zusammen. Die Gruppe gibt dem Tier die überlebensnotwendige Sicherheit und Schutz in einer von Fressfeinden umgebenen Umwelt. Dieses Schutzbedürfnis hat sich bis heute erhalten. Die typischen Haremsherden bestehen aus einer oder mehreren Stuten mit ihren Nachkommen und einem Althengst, der nicht, wie oftmals angenommen, die Gruppe anführt. Meist muss er sich sogar mehreren Stuten unterordnen. Die Gruppe wird üblicherweise von einer älteren, erfahrenen Leitstute angeführt, die die Herde zu frischen Weidegründen und Wasserstellen führt. Die Aufgabe des Leithengstes in einer Pferdefamilie ist es, seine Herde zusammenzuhalten und gegen Rivalen zu verteidigen. Er bewegt sich beim Weiterziehen meist am Ende der Gruppe und treibt die Familienmitglieder vorwärts. Obwohl jedes Jahr Fohlen nachkommen, bleibt die Gruppengröße mehr oder weniger stabil, weil der männliche Nachwuchs im Alter von ein bis zwei Jahren vom Leithengst aus der Herde vertrieben wird, sobald er Interesse an Stuten zeigt. Junge Stuten wandern dagegen eher freiwillig ab und bilden mit älteren Junggesellen neue Haremsherden.

Junghengste, aber auch abgelöste Haremshengste, rotten sich in so genannten Junggesellengruppen zusammen und warten dort auf eine günstige Gelegenheit, sich (wieder) eigene Stuten zu erobern. Solche Hengstgruppen haben lineare Hierarchien, in denen das Alter der Tiere eine wichtige Rolle spielt. Dabei ist ein häufiger Wechsel innerhalb von Junggesellengruppen in der Natur zu beobachten. Dieser Umstand und Erfahrungen aus der Praxis beweisen, dass auch Hengste in Gesellschaft gehalten werden können und sollten: Außerhalb der Decksaison sind eine oder mehrere – am besten vom selben Hengst – tragende Stuten gute Gesellschafter, aber natürlich auch Junghengste und reine Wallachgruppen.

Gesellschaft brauchen alle Pferde.

Innerhalb der Herde pflegen die Mitglieder unterschiedlich intensive Freundschaften. In großen Herden bilden sich meist kleinere Grüppchen, die zwischen fünf und 20 Pferden groß sind. Pferdeherden haben eine mehr oder weniger feste Rangordnung, die vor allem bei Neuzugängen in der Herde oder durch aufsässige Halbwüchsige, aber auch bei geringeren Anlässen, immer wieder in Bewegung gerät. Diese Rangordnung vertritt eine Hierarchie innerhalb der Gruppe, die mit bestimmten Rechten und Pflichten einhergeht. Ranghohe Pferde sind körperlich meist stark und zeigen überzeugende Führungsqualitäten sowie Vertrauenswürdigkeit. Sie haben innerhalb der Herde das Recht, zuerst frische Futter- und Wasserstellen zu nutzen. Sie haben außerdem größere Fortpflanzungschancen. Andererseits müssen sie mehr Wachdienste leisten und Streitereien auf den „billigen Plätzen" schlichten. Die relativ stabile Rangordnung in einer Pferdeherde spart Zeit und Kraft kostende Streitigkeiten. Pferde brauchen für ihr Wohlbefinden Sozialpartner. Insbesondere die Boxenhaltung verhindert das natürliche Kontaktbedürfnis unter Artgenossen. Gleichzeitig ist der Platz aber so gering, dass die Individualdistanz vor allem bei nicht harmonierenden Tieren ständig unterschritten ist und zu Stress führt. Mangelnder Sozialkontakt führt bei einer Vielzahl von Pferden zu Verhaltensanomalien.

Wachen und Ruhen

Fressen, Wachen und Ruhen bestimmen den Tagesrhythmus von Pferden. Alle Herdenmitglieder müssen je nach Rang diese Aufgaben mehr oder weniger umfangreich wahrnehmen. Beim Wachen kontrollieren Pferde dabei ihr weit sichtbares Umfeld und schauen in die Ferne. Hierfür suchen sie sich gerne erhöhte Punkte mit mehr Überblick. Der Wachdienst wird in größeren Herden häufig auch von zwei Pferden wahrgenommen, während der Rest der Gruppe in Ruhe frisst oder ruht.

Herdenleben: Verantwortung übernehmen, Gemeinschaft genießen.

Das gewährleistet, dass die anderen Herdenmitglieder sich entspannt der Nahrungsaufnahme widmen können. In Wildpferdeherden erlebt man niemals, dass sich alle Pferde gleichzeitig zum Schlafen ablegen. Zu groß wäre die Gefahr, von einem anschleichenden Fressfeind überrumpelt zu werden. Damit Pferde, die sich ihnen bietenden Reize in die richtige „Gefahrenklasse" einordnen und das Stressniveau niedrig halten können, ist es sinnvoll, ihnen im Alltag zahlreiche Umweltreize zu bieten. Zu den natürlichen Reizen zählen heutzutage vor allem Verkehrsmittel, Hunde, Menschen und das vielfältige Treiben auf dem Hof. Pferde müssen dennoch die Möglichkeit haben, sich diesen Reizen beim Wunsch nach Ruhe zu entziehen.

Die Ruhezeiten von Pferden sind im Gegensatz zu den Fresszeiten kurz und intensiv. Meist stehen sie zum Dösen mit einem unter den Bauch gezogenen Hinterbein da, sie „schildern". Tagsüber schlafen Pferde seltener als nachts. Tiefschlafphasen dauern kaum länger als eine halbe Stunde. Dabei liegen die Pferde flach auf der Seite oder aufrecht in Kauerstellung. Das Ruhe- und Schlafbedürfnis von Fohlen, das diese meist im Schutz der Mutter seitlich liegend im Tiefschlaf decken, reduziert sich

Das Modell simuliert die Quasi-Rundum-Sicht des Pferdes und vermittelt einen Eindruck von der visuellen Wahrnehmungsfähigkeit.

mit zunehmendem Alter von zehn Stunden auf vier Stunden bei erwachsenen Pferden.

Pferde haben anders als wir Menschen mit einer siebenstündigen Schlaf- und einer siebzehnstündigen Wachphase ein „polyphasisches" Schlafmuster. Auf Fress- und Bewegungsphasen folgen Ruhephasen. Bei Fohlen ist dieses polyphasische Verhalten höher getaktet als bei erwachsenen Pferden. Bei diesem Schlafmuster ist die regelmäßige Ruhezeit wichtig. Ein Ausfall von Schlafzeiten führt zu einem starken Leistungsabfall. Pferdehaltungen, die Pferden durch eine Automatisierung der Rau- und Kraftfutteraufnahme weitgehend selbstbestimmt die Möglichkeit bieten, ihren Tagesrhythmus zu leben, bieten Bedingungen für eine maximale Leistungsfähigkeit.

Dennoch sind Pferde in der Lage, sich in einem bestimmten Rahmen veränderten Umweltbedingungen anzupassen, indem sie ihre Fress- und Aktivitätsphasen in der Sommerhitze in kühlere Tagesabschnitte verlegen. Auch über das Jahr betrachtet leben Pferde auf einem unterschiedlichen Aktivitätsniveau, das während des Sommers höher ist als im Winter und im Frühjahr und Herbst durch besonders intensive Futteraufnahme im Hinblick auf die anstehende Reproduktionsphase und das Anlegen von Energiereserven gekennzeichnet ist.

Körperpflege

Wie alle Tiere pflegen Pferde ihr Fell regelmäßig und gründlich: Gegen Parasiten nehmen die Tiere mehrmals am Tag ausgedehnte Sand- und Staubbäder und wälzen sich auf trockenen, oft grasfreien Stellen. Steinige, extrem harte Böden meiden Pferde zum Wälzen. Bevor sie sich niederlegen, scharren sie mit den Hufen und prüfen so die Eignung der ausgewählten Stelle. Gewälzt wird auch im Anschluss an eine Ruhephase, die das Pferd im Liegen verbracht hat. Dabei dreht es sich mit viel Schwung und angespannter Bauchmuskulatur über den Rücken auf die andere Seite. Der vollständige Wälzvorgang ist ein Indiz für das Wohlbefinden des Pferdes.

Nur wenige gesunde Pferde vor allem aber solche mit körperlichem Handicap oder Stress brechen nach einer Seite ab oder stehen zwischen beiden Seiten auf. Durch das Staub- oder Schlammbad vertreiben Pferde stechende und saugende Parasiten im Fell und entledigen sich vor allem im Fellwechsel loser, Juckreiz verursachender Haare. Beine, Bauch, Brust und Hinterhand bearbeiten die Tiere auch mit den eigenen Zähnen und demonstrieren die Beweglichkeit der Wirbelsäule in den verschiedenen Abschnitten. Unzugängliche Stellen wie Mähnenkamm, Widerrist und Schweifrübe bearbeiten sich Pferde bei der gegenseitigen und synchron ablaufenden Fellpflege mit den Zähnen. Dabei werden Freundschaften und Bindungen bestätigt und bestärkt. Wo kein Partner zur Fellpflege greifbar ist, scheuern Pferde sich die Stellen auch an einem stabilen Baum.

Fortpflanzung

Auch das Reitpferd hat – erwünscht oder nicht – von Natur aus neben Fressen, Bewegung und Sicherheit in der Herde die Fortpflanzung im Sinn. Stuten und Hengste sowie viele Wallache zeigen ein geschlechtstypisches Verhalten. Das Reproduktionsverhalten wird durch Licht, Temperatur und dem davon angeregten Hormonhaushalt angetrieben. Stuten rossen normalerweise alle 21 Tage. Unabhängig davon haben sie im Frühjahr und Sommer meist fast reife Follikel in Reserve, um eine sich bietende Gelegenheit zur Bedeckung zu nutzen. Das erklärt, weshalb Stuten in dieser Zeit bei Ortwechseln für Turniere oder Reitlehrgänge, wo Hengste oder hengstige Wallache vor Ort sind, kurzfristig beginnen zu rossen. Ab dem Spätsommer bis zu deutlich länger werdenden Tagen im Spätwinter verläuft die Rosse vielfach still und unauffällig. Bedeckungen in dieser Zeit kommen seltener vor und führen nicht zwangsläufig zu einer Trächtigkeit.

In freier Wildbahn bringen die Stuten im späten Frühjahr meist ein Fohlen zur Welt und werden in einer der anschließenden Rossen vom Hengst wieder gedeckt. Kommt es zu keiner erfolgreichen Bedeckung, werden Stutfohlen durchaus auch mal zwei Jahre von der Mutter gesäugt. Im Frühsommer finden die Stuten das reichhaltigste und für sie optimale Futterangebot in der Natur vor, um ihren Energiebedarf in der Phase der größten Milchproduktion für die schnell wachsenden Fohlen zu decken. Auch Hengste müssen in dieser Zeit ihren Rang als Herdenvorstand intensiver gegen fortpflanzungswillige Rivalen verteidigen und haben

Körperpflege, wie Pferde sie lieben – der Horror eines jeden Reiters, wenn es schnell gehen muss.

damit einen hohen Energiebedarf, der ebenfalls durch das reichliche Futterangebot dieser Jahreszeit gedeckt wird. Die meisten Stuten sondern sich für die Geburt auf Sichtweite von der Herde ab und bleiben während der kurzen Geburtsphase allein.

Seit mehreren Jahrhunderten fördert der Mensch mit gezielten Anpaarungen Eigenschaften, die auf den Verwendungszweck abgestimmt sind.

Nach einer kurzen Verschnaufpause treibt die Angst vor Fressfeinden die Mutter, und spätestens eine Stunde nach der Geburt auch das Fohlen auf die Beine, und sie kehren zur Herde zurück. Die anfangs schwachen Gelenke und Bänder des Fohlens werden in den Tagen nach der Geburt durch viel Bewegung an der Seite der Mutter gestärkt. In den anschließenden Wochen sucht das größer und selbstständiger werdende Fohlen immer häufiger den Kontakt zu gleichaltrigen Spielkameraden, bis es kurz vor dem Absetzen die Mutter nur noch zum Trinken aufsucht.

Selektionskriterien des Wildpferdes waren sicherlich schwache Gliedmaßen, Zahnfehlstellungen, empfindliche oder gestörte Verdauung und schlechte Charaktere, die zum Ausstoß aus der Herde geführt haben. Pferde, die krank, lahm und langsam, schwerfuttrig und schwach oder unverträglich waren, wurden am ehesten Opfer von Fressfeinden. Das Selektionsergebnis machen wir uns heute zunutze und sollten es auch in der modernen Leistungszucht nicht aus den Augen verlieren. Robustheit, Gesundheit, Zähigkeit und Gutmütigkeit müssen auch weiterhin neben modernen Reiteigenschaften, Komfort und Schönheit, Zuchtkriterien in der Reitpferdezucht bleiben.

Angesichts des großen Marktes der Freizeitreiter darf vor allem der Charakter nicht zugunsten eines hohen Leistungsvermögens aus sportlicher Sicht aus dem Auge verloren werden.

Folgen einer nicht verhaltensgerechten Pferdehaltung

Bereits vor rund 50 Millionen Jahren entwickelte sich die Tierart "Pferd". Bis vor wenigen tausend Jahren haben sich Pferde völlig unabhängig vom Menschen entwickelt, gelebt und vor allem überlebt! Seither hat der Mensch in verschiedenen Merkmalen züchterisch Einfluss genommen: Während Größe, Kaliber, Temperament das Ergebnis von Selektion sind, gleichen die Grundbedürfnisse des Pferdes noch immer uneingeschränkt denen ihrer Vorfahren und wild lebenden Verwandten. Dennoch entsprechen die Haltungsbedingungen aber weniger den Grundbedürfnissen der Pferde sondern vielmehr denen von uns Menschen. Geringer Platzanspruch, Zeit- und Arbeitsaufwand, schnelle Verfügbarkeit, Bequemlichkeit und Wetterschutz sind die Kriterien, nach denen Menschen heute immer noch Ställe planen und bauen. Das Anpassungsvermögen der Pferde ist mit diesen Prämissen jedoch überfordert. In der Konsequenz nehmen viele Pferde an Körper und Psyche Schaden bis hin zum Totalausfall. Die Tabelle zeigt die Schadensstatistik einer Versicherung in Deutschland.

Schadenursachenstatistik für Pferde

Ursache	2011 Pferde in %	2010 Pferde in %
Krankheiten der Bewegungsorgane	47,3	48,9
Krankheiten der Verdauungsorgane	21,4	18,4
Krankheiten des Herzens und sonstiger Kreislauforgane einschl. des Blutes	5,6	6,8
Krankheiten der Harn- und Geschlechtsorgane und des Euters einschließlich Geburtsschäden	4,4	3,5
Krankheiten der Atmungsorgane	2,8	2,4
Infektionskrankheiten	1,0	0,9
Krankheiten des Nervensystems	2,2	3,2
Sonstige Schadenursachen	15,5	15,9
Anzahl Pferde (Schadensfälle)	20 255 (1 417)	21 925 (1 432)

Quelle: Geschäftsbericht R+V 2011, Mitgliederversicherung der Vereinigten Tierversicherung Gesellschaft a.G.

Der passende Stall für Pferd und Reiter

Den richtigen Stall auswählen

Wer einen passenden Stall für sein Pferd sucht, steht einer unüberschaubaren Bandbreite von Haltungsformen, Versorgungsangeboten und Komfortstufen im Bereich der reiterlichen Infrastruktur gegenüber. Noch immer dominieren in gewerblichen Anlagen Boxen oder Paddockboxen das Angebot. Sie verfügen in der Regel über Reithallen, Außenplätze und flächensparende Bewegungsanlagen wie Roundpen, Führanlagen oder Laufbänder. In manchen Betrieben wird das Haltungsangebot durch die Ausbildung von Reiter und Pferd in Form von Reitschulen und Voll- oder Teilberitt ergänzt. Vor allem in Ballungsräumen sind Flächen knapp und teuer. Entsprechend gering ist das Angebot der meisten Ställe an Koppeln oder großzügig angelegten Bewegungsställen. Hier haben Pferdebesitzer in ländlichen Gebieten meist mehr Glück: Dem dünneren Angebot an Pensionsbetrieben mit guter Infrastruktur wie Halle, Allwetterplatz, etc. steht eine größere Auswahl an Haltungen zur Verfügung, die oftmals auf niedrigerem Komfortniveau für den Reiter mehr Auslauffläche bei jedem Wetter oder Bewegungsställe mit frischer Luft anbieten.

Da Pferde und Menschen sehr unterschiedliche Lebensbedürfnisse haben, fällt die Wahl des Stalles oft zugunsten der Reiterwünsche aus. Die Kosten der Unterbringung sind für viele Reiter – zumindest in den ersten Jahren als Pferdebesitzer – ein wichtiges Entscheidungskriterium. Bei Bandbreiten von 200 bis über 500 € pro Monat nur für eine akzeptable Unterbringung – Hufpflege, Gesundheitsvorsorge und Notfallversorgung sowie Ausbildung und Ausrüstung kommen hier noch hinzu – müssen viele Pferdebesitzer schon tief in die Tasche greifen, um sich ihr Hobby zu finanzieren.

Ein weiteres Kriterium ist die Entfernung des Stalles vom Wohnort oder bei Reitern, die weniger auf private Verpflichtungen Rücksicht nehmen müssen, von der Arbeitsstätte. Zeit ist für viele Pferdebesitzer ein knapperer Faktor als Geld, und so ist es im Bestreben vieler Reiter, dieses knappe Gut nicht auf der Straße zu verschwenden. Nicht außer Acht lassen darf man auch die gestiegenen Spritkosten, die bei täglichen Fahrten in den Stall die Haltungskosten entscheidend beeinflussen. Es entstehen so Kosten, mit denen bereits die Aufwendungen für Hufpflege, notwendige Impfungen und die Entwurmung bestritten werden könnten.

Diese Überlegung gilt es bei der Bewertung des persönlichen finanziellen Spielraums und des Zeitbudgets bei der Stallwahl zu berücksichtigen.

Machen Sie sich bei der Wahl des richtigen Stalles in diesem Zusammenhang alle Vor- und Nachteile der verschiedenen Haltungstypen bewusst: Wer sich für den schicken Boxenstall entscheidet weil dort das Who is Who der Reiterszene Station macht, muss täglich für ausreichend Bewegung sorgen. Zwanzig Minuten Longieren oder eine Stunde Reiten reichen, wie Sie später noch lesen können nicht aus. Entsprechend hoch muss also der Service in diesem Stall sein. Koppelhol- und -bringdienste, Führmaschine oder Laufband sind arbeits- und zeitintensiv. Stallbetreiber lassen sich diesen Service – zu Recht – gut bezahlen. Spätestens aber an Schlechtwettertagen, wenn Koppeln oder Ausläufe gesperrt sind, müssen Sie selbst ran und dem Pferd zusätzlich die Bewegung verschaffen, die es braucht um ausgeglichen und gesund zu bleiben. Glücklich darf sich dann schätzen, wer eine zuverlässige Reitbeteiligung zur Hand hat, die in „guten wie in schlechten Tagen" helfend einspringt und das Pferd bewegt oder versorgt, wenn sie selbst nicht können. Wer bei dieser zeitaufwändigen Haltungsform versucht zu sparen, indem er das Misten von Box, Paddock oder Gemeinschaftsauslauf übernimmt, sitzt schnell in der Zeitfalle fest. Früher oder später spart auch der engagierteste Teilzeit-Do-it-yourselfer die Zeit am Pferd. Sehr viel mehr "Stressresistenz" bieten alle Haltungs-

1 Der passende Stall hängt von den persönlichen Lebensumständen des Reiters, immer aber von der Erfüllung aller Grundbedürfnisse des Pferdes ab.
2 Tägliches Reiten stellt hohe Anforderungen an die Selbstorganisation des Reiters.

1 : 2

systeme, in denen Pferde sich rund um die Uhr nach Lust und Laune selbst fortbewegen können. Geschäftliche Termine, kranke Kinder oder längerfristige Durststrecken wie Verletzungen, Krankheit, Schwangerschaft oder pflegebedürftige Angehörige, stellen den Pferdebesitzer gar nicht, selten oder viel später vor die Frage, ob man dem Pferd gerecht wird. In gut geführten Bewegungsställen reicht oftmals ein kurzer Besuch beim Pferd, um sich davon zu überzeugen, dass alles in Ordnung ist. Für voraussehbare Ausfälle kann man bereits im Vorfeld Absprachen mit dem Pensionsstallbetreiber, den Miteinstellern und Reitbeteiligungen treffen. Die Pferde können bei ausreichendem Auslauf und Unterhaltung unter ihresgleichen auf zusätzliche Bewegung verzichten, sofern die gesundheitlichen Voraussetzungen gegeben sind und die Futterration dem Pausenprogramm angepasst wird. Entsprechend spart man sich zusätzliche Kosten für die Übernahme des Bewegungsprogramms. Als Pferdebesitzer kann man seine Kraft und Energie beruhigt den vorübergehenden Herausforderungen des Lebens widmen und muss nicht unter Zeitdruck täglich noch das Stallprogramm erledigen. Denn ein gestresster Reiter stresst das Pferd.

Entscheidungskriterien

Wieso gerade dieser Stall? Hinterfragen wir kritisch, weshalb wir uns für den einen oder anderen Stall entschieden haben, so stellen wir häufig fest, dass UNS der zugesagt hat. Wir haben

Stress im Stall ...

... hat jeder schon erlebt, der ein eigenes Pferd besitzt. In den Anforderungen des Alltags ist die tägliche Verpflichtung, sich um das Pferd zu kümmern, phasenweise nur schwer unterzubringen, denn Beruf, Familie, Partner und Freunde konkurrieren um die knappe Zeit. Schnell kann das schönste Hobby der Welt zum Stressfaktor geraten. Pferde haben feine Sensoren und empfinden den angespannten Zweibeiner zwischen unangenehm und bedrohlich. Stress und Hektik versetzt uns Zweibeiner in eine höhere Körperspannung. Wir sind unkonzentriert und bieten dem Pferd keine Sicherheit. Wir geben unpräzise Hilfen, sind gereizt und ungeduldig.

Manch ein Vierbeiner wird durch diese negative Ausstrahlung seines Menschen so verunsichert, dass er die Zusammenarbeit verweigert. Ist die Bindung zwischen Mensch und Pferd besonders eng, überträgt sich die Anspannung in längerfristigen Krisensituationen auf das Tier. Sie sind unruhig, fressen schlecht oder entwickeln Erkrankungen, die der Situation ihrer Besitzer recht ähnlich ist. Der erfahrene Stallbetreiber erkennt die Situation und bietet durch zusätzliche Serviceleistungen möglicherweise einen Ausweg aus dem Dilemma.

uns für das kleinste Übel oder die größte Übereinstimmung mit UNSEREN Wünschen entschieden, sind der Empfehlung oder den Freunden selbst gefolgt, haben Fahrtzeit, Ausstattung und Kosten abgewogen und mehr oder weniger resignierend festgestellt, dass es eben nichts Besseres gibt in der Umgebung. Unsere Pferde fragen wir in der Regel nicht, ob auch sie mit der Wahl einverstanden sind. Zweifellos ist das Angebot an Boxen groß und gute Bewegungsställe, hinter denen mehr als das Know-how in Fütterung und Pflege steht, noch rar. Aber haben Sie auf der Suche nach einem Stall schon einmal konkret danach gefragt? Sind wir Menschen nicht schnell dabei, einer komfortablen Ausstattung, dem gemütlichen Reiterstübchen oder Casino, großzügigen Reitanlagen, beeindruckender Technik sowie aufwändigen Internetseiten und Hofflyern mehr Aufmerksamkeit zu schenken als dem Platz, der den Pferden dort eingeräumt wird, oder das Maß an Selbstbestimmung des Pferdes in den 22 Stunden täglich, die wir abwesend sind? Zugegeben, die Anschaffung eines Pferdes reißt in unsere Geldbeutel verhältnismäßig große Löcher. Das Pferd ist uns lieb – und bereits kurze Zeit nach der Anschaffung – auch teuer. Während man den Werterhalt eines teuren Autos jedoch gut in einer trockenen, kleinen Garage positiv beeinflussen kann, sollen wir unsere Pferde Tag und Nacht unter freiem Himmel, bestenfalls einem halboffenen Carport, bei Wind und Wetter und lackschädigendem UV-Licht parken? Selbstbestimmt laufen sie zahllose Kilometer auf ihren teuren Hufe, verbrauchen Futterenergie und stehen uns einmal am Tag verschmutzt gegenüber, um uns Freude zu bereiten. Für viele Reiter ist dies nur schwer vorstellbar.

Trotzdem bieten alternative Haltungsformen zur gängigen Unterbringung in Boxen neben schmutzigen Pferden, Macken im Fell und einer Reihe lästiger Artgenossen, die Sie scheinbar daran hindern wollen, Ihr Pferd aus der Herde zu holen, eine Vielzahl von Vorteilen: Diese Vorteile wiegen bei näherem Hinsehen vor allem für uns Menschen sehr viel schwerer als wir glauben. „Ich hätte mir kein Pferd mehr angeschafft, wenn ich es nicht in einen Bewegungsstall hätte stellen können", berichtet eine Pferdehalterin. Wie groß mag die Last als Pferdebesitzerin auf ihr gelegen sein, um das zu äußern, was viele Halter spüren, aber nicht formulieren können, weil sie das Gegenteil nicht kennen: Wissen, dass das Pferd gut aufgehoben ist und alles hat, was es

Harmonie zwischen Mensch und Pferd ist dort möglich, wo beide sich wohlfühlen.

braucht, wenn es mal nicht klappt mit der täglichen „Arbeit", die Reitbeteiligung krank ist oder Ihnen einmal wirklich nicht nach Reiten ist. Tägliche Arbeit klingt nach Arbeit. Als ob wir davon nicht genug hätten! Im Bewegungsstall wird die Arbeit dagegen zum Vergnügen: Für das Pferd sind Sie Abwechslung in einem erfüllten Alltag, die es motiviert annimmt. Sie sind nicht das Ventil für aufgestaute Energie, ungezügelte Bewegungslust oder der Sparringpartner für Frust und mangelnde Gelegenheit zum Spielen. Als Reiter steigen Sie auf ein Pferd mit Betriebstemperatur. Das Lösen erreichen Sie nicht durch Erschöpfung, sondern durch Lust auf Zusammenarbeit: Losgelassenheit im Sinne von positiver körperlicher Anspannung und Entspannung bei mentaler Gelassenheit.

Tierärzte, Heilpraktiker und erfahrene Stallbetreiber kennen den Zusammenhang zwischen zufriedenen Menschen und gesunden Pferden. Auch wenn Pferde die meiste Zeit des Tages im Idealfall in einer harmonischen Herde oder in einer Box verbringen, haben viele Tiere einen engen Bezug zu ihren Menschen. Die Harmonie dieser Beziehung ist mitentscheidend, ob ein Pferd sich wohlfühlt und motiviert mitmacht ...

Pferde halten – Fullservice bis komplette Selbstversorgung

Pferdehaltung als Betriebszweig

Die Pferdehaltung ist für viele landwirtschaftliche Betriebe eine interessante Einkommensquelle – als Haupterwerb mit einem Rundum-Sorglos-Pensionsbetrieb für den zeitknappen aber qualitätsbewussten Pferdebesitzer oder als netter Zuverdienst auf einem sehr viel niedrigeren Dienstleistungsniveau beispielsweise für Selbstversorger. Vor allem die in den letzten Jahren durch niedrige Erzeugerpreise gebeutelten Milchvieh- und Rindermastbetriebe verfügen über ausreichend Futter- und mancherorts auch hofnahe Auslaufflächen, so dass immer wieder auch die beratenden Landwirtschaftsbehörden zu einem Umstieg auf Pensionspferdehaltung ermutigen. Egal ob Sie als umstiegswilliger Landwirt oder angehender Selbstversorger mit der Option, die Haltung der eigenen Pferde mit Einstellern zu organisieren und zu finanzieren an die Planungen gehen, sollten Sie sich im Groben über die Grundbedürfnisse von Pferden und die Erwartungen der Halter im Klaren sein. Danach gilt es, die Marktsituation im Einzugsbereich des geplanten Stalles zu prüfen. Noch immer sind Stallneu- und -umbauten mit einer Ausdehnung des Angebots von Boxen oder Paddock-

1 Ein voller Stall und Wartelisten ist der Lohn für unternehmerischen Mut, tierfreundliche Haltungskonzepte umzusetzen.
2 Gute Gründe und ein aufwändiges Bewegungsprogramm muss es für Boxenpferde geben.

boxen verbunden. „Die Kunden fragen diese Haltungsform nach", ist die gewohnte Argumentation der Bauherren, und es mag noch richtig sein. Nichtsdestoweniger wird diese Art der Pferdehaltung nicht nur Pferden nicht ausreichend gerecht, sondern führt auch in die wirtschaftliche Sackgasse. Vor allem in den Ballungsräumen findet man vielerorts Überkapazitäten dieser standardmäßigen 08/15-Haltung vor. Kaum ist ein neuer Stall oder eine schicke Reitanlage eröffnet, ziehen Heerscharen von Pferdebesitzern getreu dem Motto „Neue Besen kehren gut" und „neu ist chic" dorthin. Stimmt die Qualität hinsichtlich Pferdeversorgung, Fütterung, das Ambiente, das Preis-Leistungs-Verhältnis und die „Mischung der Leute", verweilen die Pferde dort so lange, bis der Besitzer feststellt, dass die schon bestehenden haltungsbedingten Probleme, die das Pferd vielleicht schon hatte oder mit der Zeit entwickelt hat, auch im nagelneuen Boxenstall nicht gelöst werden können. Sie brechen früher oder später die Zelte ab und ziehen weiter. Nur langsam aber beständig macht sich ein Bewusstsein breit, dass die Erfüllung der Bedingungen an den Lebensraum, die ein Pferd stellt, die bekannten Haltungsprobleme in den Hintergrund drängt.

Donnergrollen an der Boxenfront

Ein Urteil des Amtsgerichts Starnberg hat Anfang 2012 unter Pferdehaltern und Pensionsstallbetreibern für Aufsehen gesorgt: Täglich eine Stunde Reiten ohne weiteren selbstbestimmten Auslauf auf Paddock oder Koppel befand das Gericht bei den Pferden einer Dressurreiterin für zu wenig. Die Befürchtungen der Besitzerin, die Pferde könnten sich verletzen, ließen die Richter unter Berufung auf die Leitlinien zur Beurteilung von Pferdehaltungen unter Tierschutzgesichtspunkten des Bundesministeriums für Ernährung, Landwirtschaft und Verbraucherschutz nicht gelten.

Experten im Pferderecht und Kenner der Reitsportszene schreiben dem Urteil Signalwirkung zu: Ein Signal ist es vor allem an Pferdehalter, die bei vergleichbarer Haltung durch eine Verurteilung als vorbestraft gelten, aber auch an Stallbetreiber, großzügigere Haltungsbedingungen anzubieten und beim Stallneu- und -umbau auf Boxen zur Dauerhaltung ganz zu verzichten.

Rechtsexperten befürchten derzeit, dass die Hälfte aller Pferdehaltungsbetriebe nicht ausreichend Flächen für bessere Haltungsbedingungen haben und damit tierschutzwidrig handeln. Dies darf jedoch kein Argument zur Rechtfertigung der mangelhaften Haltungsbedingungen vieler Pferde sein, sondern muss Ansporn für alle Pensionsbetriebe sein, sich durch das Angebot pferdegerechter Stallplätze nicht zuletzt Wettbewerbsvorteile in einem in Bewegung geratenen Markt zu verschaffen.

Gedanken vor dem Umstieg

Landwirte, die sich mit der Option Pferdehaltung als Ergänzung bestehender Betriebszweige oder der alternativen Nutzung von Wirtschaftsgebäuden auseinandersetzen, sollten sehr kritisch den Markt in ihrem Umfeld prüfen. Aus Sicht des Pferdebesitzers herrscht praktisch flächendeckend ein Mangel an Ställen, in denen Pferde von Sachverstand geleitet, artgerecht und gesund! gehalten werden können. Eine gute Infrastruktur zum Reiten mit einem ansprechenden verkehrsarmen Gelände, wenigstens einem beleuchteten Allwetterreitplatz oder eine Halle stehen auf den meisten Wunschlisten von Reitern. Vor allem Halter von Problempferden, die über viele Jahre schlechter Haltungsbedingungen, Unfällen oder Reiterfehler erworbene Handicaps pflegen, finden nur selten Ställe, die auf die Bedürfnisse dieser Tiere eingehen.

Die betroffenen Pferde kann man grob in drei Gruppen einteilen: Pferde mit Problemen des Bewegungsapparates wie Arthrose, die einen großen Bewegungsanspruch haben, Pferde mit ernährungs- und stoffwechselbedingten Erkrankungen wie Hufrehe, Equinem Metabolischen Syndrom (EMS oder umgangssprachlich Pferdediabetes), Cushing oder Kopper sowie Pferde mit Erkrankungen der Atemwege. Solche Pferde haben entgegen den Befürchtungen vieler Stallbetreiber nur dann einen erheblich höheren Betreuungsaufwand, wenn sie NICHT tiergerecht in einem großzügigen Laufstall mit freiem Zugang zu frischer Luft und qualitativ hochwertigem Futter untergebracht werden. Der Umkehrschluss ist erlaubt, dass Pferde, die von vorneherein artgerecht untergebracht und sorgfältig versorgt werden, gar nicht erst erkranken müssen – der Stall also gar nicht erst den Ruf „Hier wird das Pferd krank" erwerben wird. Gleichzeitig fehlen vor allem in der Nähe von Ballungsräumen, wo die Flächen zugegebenermaßen knapp sind, aus-

Erfolgreiche Pensionspferdehalter sind nicht nur um das Wohl ihrer Pferde, sondern auch der dazugehörigen Menschen bemüht.

reichend Haltungsangebote für Rentner- und Jungpferde. Diese müssen von ihren Haltern oft für Jahre „ab vom Schuss" mit viel Vertrauensvorschuss in spezialisierten Betrieben untergebracht werden. Dabei ist es für die Alten wie für die Jungen sinnvoll, langsam aus dem Training oder spielerisch im Alltagserleben ins Training zu finden. Von Besitzerseite mag man sich jedoch vom Gedanken verabschieden, dass Rentnerpferde ebenso wie Jungpferde zu Billigstpreisen optimal versorgt werden können. Auch hier hat Qualität ihren Preis. Wo der Aufwand nicht fair entlohnt wird, muss Leistung vorenthalten werden. Auf Kosten der Pferde.

Wer bei seiner Planung weiter auf Boxen oder bestenfalls auf Paddockboxen setzt und sich allenfalls mit der Ausstattung des Reiterstübchens von seinen Mitbewerbern abgrenzt, kommt zwar den Bedürfnissen einer immer noch sehr großen Gruppe von Pferdebesitzern entgegen, ist aber auch Mitglied einer ebenso großen Gruppe von Anbietern, die sich kaum unterscheiden und wird Teil eines immerwährenden „Wanderzirkus" von Reitergruppen, die in regelmäßigen Abständen den Stall wechseln, weil ein neuer Chic angesagt ist. Wer jedoch Stallplätze auf dem Markt anbietet, die eine artgerechte und

In altersgemischter Herdenhaltung finden Nachwuchs- und Rentnerpferde wohnortnah ideale Lebensbedingungen.

gesunde Haltung erlauben, sollte von diesem Konzept aber auch überzeugt sein und diese mit größtmöglicher Sachkenntnis betreiben.

Pferdehalter als Kunden

Erfahrene und erfolgreiche Pensionsstallbesitzer sind sich der Tatsache bewusst, dass sie nicht nur Pferden eine Unterkunft stellen, sondern die dazugehörigen Menschen einen großen Teil ihrer heute meist knappen Freizeit in der Nähe ihrer Vierbeiner verbringen. Während die Selbstversorger unter den Pferdehaltern einen großen Teil dieser Zeit mit der Organisation des Stalles, seiner Pflege, der Instandhaltung und dem Austüfteln von Arbeitserleichterungen und der Entwicklung von Zeitsparstrategien verbringen, suchen Einsteller häufig Geselligkeit und Anschluss.

So ist es nicht verwunderlich, dass sich in einem Pensionsstall eine kunterbunte Mischung aus grundverschiedenen Menschen und ebenso unterschiedlichen gesellschaftlichen Milieus aufeinandertrifft, die häufig nur die Liebe zum Pferd teilen. Damit sind die Gemeinsamkeiten oft schon wieder zu Ende. Unterschiedliche Ansichten über Reitweisen, Reitfähigkeiten, die richtige Pferdeausbildung, Leistungsanforderungen, Pferdeerziehung oder die Notwendigkeit beziehungsweise den Unsinn von Equipment und Pflegebedarf eines Pferdes spiegeln die Unterschiedlichkeit all dieser „Pferdemenschen" wider. Hinzu kommt, dass alle es besser wissen und nur das Beste für ihre Pferde und die der Miteinsteller wollen …

Während Reiter mit engem Terminplan oder Familie im Hintergrund ihre Zeit beim Pferd meist effektiv nutzen und nur selten beim Plausch im Reiterstübchen „versumpfen", suchen Pferdebesitzer ohne familiäre oder partnerschaftliche Verpflichtungen intensivere Kontakte oder Freundschaften im Stall. Für den Stallbetreiber ergibt sich daraus die Herausforderung, den unterschiedlichen Bedürfnissen seiner Kunden gerecht zu werden. Erfolgreich ist der Pensionspferdehalter, der neben der Bereitstellung einer pferdegerechten Unterbringung und Versorgung sowie einer gut gepflegten Reitanlage mit viel diplomatischem Geschick seine Einsteller führt. Dazu gehört ein offenes Ohr für die Fragen, Sorgen und Nöte der Pferdebesitzer, aber auch die Fähigkeit sich abzugrenzen, seine Privatsphäre zu wahren und in Konflikten geschickt und neutral zu moderieren.

Der Ton macht die Musik
Als Vermieter von Pferdepensionsplätzen sollten Sie es halten wie in anderen Branchen: Den Kunden begegnet man zuverlässig, freundlich und höflich. Mit ihnen pflegt man aber keine Freundschaften. Denn schon unbedeutende Meinungsunterschiede in Haltungsfragen – dem Kern ihrer Geschäftsbeziehung – oder unerledigte Aufgaben potenzieren sich leicht sich zu unüberwindbaren Beziehungskrisen, die früher oder später zur Trennung führen. Dabei sind viele Reiter heute gut vernetzt und ein verprellter Kunde ein Multiplikator im negativen Sinne. Der Kunde ist wie in anderen Branchen König, aber seine Seele braucht man als Pensionsstallbetreiber nicht verkaufen. Haben Sie den Mut, Dauernörglern, Querulanten und Stinkstiefeln unter Ihren Kunden – vor allem solche ohne jegliche Sachkompetenz in Haltungsfragen – rechtzeitig die rote Karte zu zeigen. Diese

vergiften erfahrungsgemäß nachhaltig das Stallklima, Schaden Ihrem Ruf – egal wie sehr Sie um Service bemüht sind – und veranlassen die pflegeleichten und umgänglichen Kunden zum entnervten Stallwechsel.

Halten Sie eigene Pferde im Stall, sollten Sie dem Grundsatz „gleiches Recht für alle" folgen. Einsteller reagieren sehr empfindlich, wenn die Pferde des Stallbetreibers besondere Privilegien genießen: Koppelgang im Winter oder bei schlechtem Wetter, Futterqualitäten, Fütterungszeiten und Entmistung sollte grundsätzlich für alle gelten.

Pferdehaltung jenseits der bäuerlichen Haltung ist heute keineswegs ein elitärer Sport und viele Pferdebesitzer investieren einen großen Anteil ihres zur freien Verfügung stehenden Einkommens – unter Verzicht auf gesellschaftlich positiv bewertete Investitionen und Freizeitaktivitäten wie Urlaub, Restaurant- und Veranstaltungsbesuche, modische Kleidung, ein schickes Auto oder die moderne Möblierung des Wohnraums. Es darf also nicht verwundern, dass Einsteller sich als Kunden sehen und einen guten Service und freundlichen Umgang erwarten, wie er im Geschäftsleben üblich ist. Dabei verfügt diese Kundschaft häufig über beängstigend wenige Kenntnisse, was die Eckpunkte artgerechter und gesunder Pferdehaltung angeht.

Pferdebesitzer finden auf sehr unterschiedliche Weise Befriedigung mit ihrem Hobby.

Fels in der Brandung

Der ideale Stallbetreiber ist kompetent und kennt die Bedürfnisse seiner vierbeinigen Schützlinge und deren zweibeinigem Anhang. Er ist erster und am besten alleiniger Ansprechpartner für Fragen, Wünsche und Anregungen. Er leitet seinen Betrieb mit großer Sachkenntnis, ist neuen Erkenntnissen gegenüber offen, ohne Trends ungeprüft zu übernehmen. Er sieht die Zusammenhänge zwischen Haltung, Fütterung, medizinischen Aspekten, der Nutzungsart und -intensität sowie dem Umgang des Besitzers mit dem einzelnen Pferd. Er schreitet bei Fehlentwicklungen, die dem Wohl des Pferdes zuwider laufen, rechtzeitig und diplomatisch ein. Dem kompetenten Stallbetreiber ist der Zusammenhang zwischen dem Wohlbefinden des Pferdes und dem seines Besitzers auf dem Betrieb bewusst. Er versteht sich als Moderator zwischen verschiedenen Interessengruppen oder den Pferdebesitzern und dem Personal und beeinflusst mit geschickter Führung positiv das Stallklima. Er hat ein offenes Ohr für die Anliegen der Pferdehalter ohne die nötige Distanz, die eine erfolgreiche Geschäftsbeziehung erfordert, aufzugeben. Im Notfall ist er zum Wohle des Pferdes jederzeit erreichbar oder bietet einen Notfallkontakt an. Betriebliche Entscheidungen trifft er neben wirtschaftlichen Aspekten immer unter der Berücksichtigung des Pferdewohles.

Diese Unkenntnis müssen Sie als Stallbetreiber durch eine qualifizierte Ausbildung, wenigstens aber durch einen Sachkundenachweis, kompensieren können. Es gilt, die häufig aus Unkenntnis heraus formulierten Forderungen und Wünsche der Halter im Sinne des Pferdes abzulehnen, wenn sie dessen Gesundheit und Wohlbefinden gefährden. Erfolgreich sind die Pensionsbetriebe, wo die Entscheidungen über wichtige Betriebsabläufe vom Stallbetreiber sachkundig und unter Hinweis auf wissenschaftliche Erkenntnisse oder die gute landwirtschaftliche Praxis getroffen und konsequent gegenüber dem Pferdebesitzer vertreten werden. Im Pensionsstall wie in einer Haltergemeinschaft gilt die Weisheit, „viele Köche verderben den Brei". Andererseits sollten Sie wie in einem Unternehmen Wert auf die Kommunikation legen.

Regelmäßige Stalltreffen, mindestens aber ein gepflegtes Schwarzes Brett oder eine Homepage mit internem Zugang für regelmäßige Einstellernachrichten sind eine Plattform, um Ihre Einsteller über allgemeine Pferdethemen und Belange des Betriebes zu informieren, die gleichzeitig das Warum Ihres Tuns untermauern. Gelegentliche Treffen dienen auch dazu, die allgemeine Stimmung im Stall zu erfassen. In kurzen verbindlichen Vier-Augen-Gesprächen erfahren Sie, was Ihre Einsteller bewegt und können Zweifel oder Unsicherheit des Pferdebesitzers ausräumen, bevor Unruhe im Stall entsteht. Letztlich muss es Ihr Unternehmensziel sein, Wohlbefinden für Mensch und Tier zu verkaufen.

Wer der Strategie folgt, solange Einsteller sich untereinander bekriegen, habe man selbst seine Ruhe, bekommt die Retourkutsche für seine Untätigkeit recht schnell zu spüren. Was hier menschlich so kompliziert klingt, ist es gar nicht. Bereits in der modernen Stallplanung kennt man die Notwendigkeit bei größeren Pferdebeständen auf engem Raum – das gilt vor allem für Betriebe mit Boxen oder Paddockboxen und Kunden, die größten Wert auf ihre Individualität legen – mehrere kleine Stalleinheiten zu bauen. Geschickte Stallbetreiber sorgen für gute Stimmung. Vor allem im Winter pflegen Einsteller aufgrund der kurzen Tage und der meist im dunklen verrichteten Ausübung des Hobbys bei beißender Kälte und oder anhaltend ungemütlichem Schmuddelwetter früher oder später ein ausgeprägtes Stimmungstief. Hier hilft eine nette Kaminrunde im Reiterstübchen, ein Film- oder ein Spieleabend, um die gute Stimmung und Gemeinschaft im Stall zu fördern.

All inclusive-Angebote

Die meisten Pferdehalter starten ihre Laufbahn als stolze Tierbesitzer in einem Pensionspferdebetrieb. Vielen Pferdebesitzern fehlen leider auch nach Jahren im Sattel noch wichtige Kenntnisse zur artgerechten Pferdehaltung. Als Pferdebesitzer sind Sie jedoch in der Verantwortung, die Haltung Ihres Freizeitpartners sachkundig beurteilen zu können und nicht tolerierbare Missstände möglicherweise sogar durch einen Stallwechsel abzustellen.

In der Ausbildung von Reitern wird dieses wichtige Themenfeld meist sträflich vernachlässigt, und die Haltung vieler Schulpferde wird nicht annähernd ihren Bedürfnissen gerecht. Hier ist noch großes Verbesserungspotenzial vorhanden. Schon Reitschüler sollten deshalb neben der Reitausbildung auch die Haltung von Schulpferden kritisch bei der Wahl einbeziehen. Von der Pferdehaltung in einem Pensionsstall über Mithilfe, Teileigenregie bis zur Do-it-yourself-Haltung sind die Möglichkeiten fließend und jeder Pferdehalter sollte im Vorfeld weniger seinen Träumen folgen, sondern selbstkritisch seine persönliche Lebenssituation prüfen und seine Kenntnisse beurteilen, bevor er sich für den Servicestandard entscheidet, der am besten zu ihm passt.

Rundum sorglos mit Vollpension

Viele Pferdehöfe bieten einen Sorglos-Komplettservice, der dem Pferdebesitzer (fast) alle Versorgungsarbeiten abnimmt. Sie können sich ganz auf das Reiten konzentrieren. Pferdebesitzer mit einem kleinen Zeitbudget oder solche, die noch vergleichsweise wenig Erfahrung im Sattel haben, sind auf solchen Betrieben gut aufgehoben, denn viele bieten zusätzlich Unterricht oder Beritt. Erste unverbindliche Informationen auf der Suche nach einem Stallplatz liefern Stallplatzbörsen im Internet, der Webauftritt der Laufstallarbeitsgemeinschaft (LAG) sowie die Referenzbetriebe von Herstellern pferdegerechter Stallbaulösungen. In Reitsportfachgeschäften und im Landhandel finden Sie meist eine große Auswahl an Aushängen und Flyern von Reitbetrieben in Ihrer Umgebung. In einschlägigen Internetforen erhalten Sie Tipps von anderen Pferdebesitzern oder Stallvermietern, die wenig Werbung in der Öffentlichkeit machen. Wer eher eine Unterkunft in privater Atmosphäre sucht, kann auch den Tierarzt, Hufschmied, Reitlehrer oder örtliche Landwirte um Hinweise bitten.

Ein erstes Bild über die Qualität der Ausstattung und der angebotenen Dienstleistungen können Sie sich jedoch erst vor Ort machen. Wer mehrere Optionen prüfen möchte, sollte sich ganz unverbindlich und ohne Termin einen ersten Eindruck verschaffen und die Betriebe auf gut Glück aufsuchen. Dieser persönliche Eindruck ist entscheidend, ob Sie sich später wohlfühlen: Wirkt der Betrieb aufgeräumt oder dominieren die Schmuddelecken? Sind die Zäune ordentlich gespannt, Tore und handliche Torgriffe an Koppeleingängen oder wurden Kilometer von Strohbändern verbaut? Haben landwirtschaftliche Maschinen einen Lagerplatz außerhalb der Reichweite der Pferde? Ist der Reitplatz auch nach starken Niederschlägen nutzbar oder eine Seenlandschaft. Gibt es für diesen Fall Alternativen? Sind die Reiter und Mitarbeiter freundlich, hilfsbereit und aufgeschlossen oder muffig und abweisend? Der optische Eindruck ist allerdings nur ein Kriterium, und ein kleiner windschiefer Stall wird von seinen Betreibern möglicherweise mit mehr Know-how geführt als die edle Reitanlage mit weißen Koppelzäunen, Aquatrainer und Laufband. Spüren Sie auf einem Betrieb eine positive Atmosphäre und die wichtigsten Punkte erscheinen Ihnen stimmig, dann vereinbaren Sie nach Ihrem Überraschungsbesuch einen Besichtigungstermin.

Bei diesem sollte der Stallbetreiber Ihnen mit Zeit und Ruhe die Infrastruktur zeigen und sein Dienstleistungsangebot erörtern. Die Entscheidung für oder gegen einen Stall sollte in jedem Fall von der Erfüllung der wichtigsten Bedürfnisse des Pferdes abhängen: Licht, Luft, reichlich Bewegungsmöglichkeiten nach Belieben und der Kontakt zu Artgenossen, regelmäßige Fütterung in ausreichender Menge und Qualität, der Leistung angemessene Kraftfuttergaben und Sauberkeit sind wichtige Kriterien, die vor einem Wunsch nach einem schicken Reiterstübchen mit Kaffeevollautomat, Deckenwaschmaschine, beheizter Sattelkammer und überdachten Hängerstellplätzen erfüllt sein müssen.

Mitgliedschaften in Verbänden, Auszeichnungen und Haltungsstandards geben einen Hinweis auf die Qualität des Betriebs.

Fragen über Fragen ...

- Wie reagiert der Stallbetreiber auf Ihre Fragen?
- Lassen Sie sich Heu und Silage zeigen, und schätzen Sie selbst die Qualität ein.
- Wie und wo wird das Futter gelagert. Woher stammt das Kraftfutter? Wie sind die Futterzeiten?
- Werden die Pferde vom Stallbetreiber selbst oder von Mitarbeitern versorgt?
- Erfolgt die Versorgung am Wochenende im gleichen Umfang wie unter der Woche?
- Bis zu welchem Umfang ist die Versorgung eines kranken Pferdes im Mietpreis inbegriffen?
- Gibt es Ruhezeiten, in denen Sie Ihr Pferd nicht besuchen können und passen die zu Ihrem eigenen Lebensrhythmus?
- Welchen Stellenwert haben die Pferde auf dem Betrieb, wenn der Stallbetreiber noch andere Tierarten, wie beispielsweise Milchkühe, zu versorgen hat?

Meist sind Unzufriedenheit in Fütterungsfragen, mangelhafter Service und ungehaltenen Versprechungen die Gründe für einen Stallwechsel. Gibt Ihnen der Stallbetreiber auf diese Fragen gelassen und überzeugend Antwort, dann sehen Sie sich den Stall genauer an:

- Haben die Pferde ausreichend Platz im Auslauf, an Futterraufen und im Liegebereich? Ist eine Notbox für kranke Tiere vorhanden?
- Machen die Pferde einen ausgeglichenen und zufriedenen Eindruck?
- Wie geht der Stallbetreiber bei der Eingliederung vor?
- Wie gehen Stallbetreiber, Mitarbeiter und Einsteller miteinander und mit den Pferden um?

Quelle: Karen Diehn
www.töltknoten.de (8.2.2013)

Eine Stallbesichtigung im Winter kommt Worst-case-Wetterszenarien meist recht nahe und Sie bekommen einen Eindruck, in welchem Zustand sich der Paddock oder Reitplatz nach anhaltenden Niederschlägen befindet. Sind alle stark frequentierten Flächen gut drainiert und befestigt? Ein überdachter, trockener Platz zum Putzen aber auch für den Tierarzt und Hufschmied sollte auch in kleinen Ställen kein Luxus sein.

Ein heikles Thema ist die Entmistung in Vollpensionsställen. Laufflächen sollten täglich wenigstens einmal gereinigt werden. Sind die Bewegungsflächen unbefestigt, sollten Sie kritisch danach fragen. Grundsätzlich kommen Mistmatratzen im Hinblick auf atemwegsschädigende Emissionen von Ammoniak und anderen Schadgasen besser weg als das tägliche halbherzige Herumstochern in einer sparsam eingestreuten Liegefläche, die die Pferde kräftig durchgequirlt haben. Doch auch eine gepflegte Matratze muss täglich abgeäppelt und reichlich eingestreut werden, wenn sie ihrer Aufgabe gerecht werden soll. Problematischer ist es bei Boxenhaltung, wo Pferde trotz täglicher Reinigung die meiste Zeit des Tages in ihren Exkrementen stehen und daraus fressen müssen. Sollte sich Boxenhaltung nicht umgehen lassen, muss das Heu wenigstens aus über Eck angebrachten Sparraufen gefüttert werden um ein Verschleppen und Zertreten im Mist zu verhindern. Die beste Parasitenprophylaxe ist umsonst, wenn die Pferde tagtäglich im Mist nach Futter suchen.

Wirklich alles inklusive?

Stimmen alle wichtigen Haltungskriterien, die das Wohlbefinden des Pferdes gewährleisten, sollten Sie sich genauestens versichern, welche Leistungen im Pensionspreis inbegriffen sind. Nicht für alle Stallbetreiber umfasst der Begriff „Vollpension" auch wirklich Rundum-sorglos-Service, bei dem der Pferdebesitzer nur noch zum Reiten kommen braucht. In manchen Ställen laufen Dienste wie Koppeln abäppeln, Misten, die Gabe von Kraft- und Mineralfutter, die Mithilfe in der Heu- und Strohernte durchaus unter Fullservice.

Mit einer komfortablen Technik verrichtet der Stallbetreiber auch in „heißen Phasen" alle wichtigen Aufgaben mit Sorgfalt.

Wo aufwändige Mithilfe inklusive ist, bleibt weniger Zeit zum Reiten.

Diese Dienste sollten klar geregelt und festgeschrieben sein. Vorsicht ist geboten, wenn Stallbetreiber es den Einstellern überlassen, solche wichtigen Bestandteile eines „Komplettservice" untereinander zu regeln. Diese Dienste werden in der Regel nur dann zuverlässig verrichtet, wenn sie allen Einstellern gleich wichtig sind. Erfahrungsgemäß haben solche diffusen Regelungen großes Potenzial für Unzufriedenheit und gehen mit schlampiger oder unerledigter Versorgung auf Kosten der Pferde. In kleineren Ställen ist Arbeitsteilung häufiger anzutreffen. Hier erledigen die Einsteller im regelmäßigen Wechsel mit dem Stallbesitzer die Versorgung der Pferde. Mithilfe ist für viele Pferdebesitzer einerseits eine angenehme Möglichkeit, den Pensionspreis zu reduzieren. Andererseits geht Mithilfe bei den meisten Pferdebesitzern auf Kosten der Reitzeit. Allerdings bietet sie die Chance, sein Pferd im Alltag zu beobachten und Störungen des Wohlbefindens oder der Gesundheit sehr früh zu erkennen. In größeren Betrieben müssen Einsteller jederzeit feste Ansprechpartner haben. Im Gegenzug sollte es für Einsteller selbstverständlich sein, die Mittagspause und den Feierabend von Stallbetreibern zu respektieren und nur in echten Notfällen um Unterstützung zu bitten.

Ist die Benutzung der Reitanlage im Pensionspreis inbegriffen, sollten Sie klären, ob Ihnen Halle und Reitplatz auch jederzeit zur Verfügung stehen. Nicht selten kommt es vor, dass Mitreiter während Unterrichts- und Berittstunden unerwünscht sind, schlecht angelegte Reitplätze ständig wegen Schlechtwetter gesperrt oder die Halle zu weniger frequentierten Tageszeiten vermietet sind. Vor allem berufstätigen Pferdebesitzern bleibt dann häufig nur der Ritt ins Gelände oder die Hallen- und Platznutzung in der abendlichen Rushhour. Wer seinen Schwerpunkt auf Ritte ins Gelände legt, erkundet das Reitgelände im Vorfeld zur Sicherheit mit dem Pferd oder Fahrrad. Für manchen Stallbetreiber sind asphaltierte Wirtschaftswege oder Grünstreifen entlang befahrener Straßen oder mit Reitverboten belegte Wege ein tolles Ausreitgelände, für den passionierten Geländereiter sind sie indiskutabel.

Was Sie nicht akzeptieren sollten

Während manche Pensionsbetriebe nur schlecht organisiert sind und Einsteller bei Anliegen zwischen Stallbetreiber und Mitarbeitern hin- und herirren, herrscht in andere Ställen ein strenges Regiment, dass Pferdebesitzer praktisch entmündigt. So machen Pferde keinen Unterschied zwischen Werk- und Feiertagen. Die mancherorts praktizierten Ruhetage sind antiquiert und für die Tiere wie die Besitzer nicht akzeptabel. In einem gut organisierten Pensionsbetrieb ist die tiergerechte Grundversorgung an sieben Tagen der Woche in gewohnter Qualität gewährleistet. Der Pferdehalter muss jederzeit die Möglichkeit haben, sich vom Wohlergehen seines Tieres zu überzeugen. Nicht alle Pensionsställe gestatten die freie Wahl des Reitlehrers und verweisen auf das Unterrichtsangebot am Hof. Wer mit seinem Tierarzt und Hufschmied zufrieden ist, sollte sich vom Stallbetreiber nicht zu einem Wechsel nötigen lassen, sofern dieser eine freie Wahl nicht gestattet. Der Pferdebesitzer trägt auf jedem Serviceniveau immer als letzte Instanz die Verantwortung für sein Tier und muss wichtige Entscheidungen frei, eigenverantwortlich und sachkundig treffen können.

Haben Sie Ihren Traumstall gefunden und den Einzugstermin abgesprochen, sollten Sie einen schriftlichen Einstellvertrag abschließen, in dem detailliert alle vereinbarten Leistungen festgehalten sind. Grundsätzlich sind auch mündliche Absprachen für Stallbetreiber und Einsteller rechtlich bindend, doch um spätere Enttäuschungen durch Missverständnisse und unterschiedlich ausgelegte Zusagen zu erleben, tun sich beide Vertragsseiten mit einem schriftlichen Vertrag einen Gefallen.

Eine Frage des Preises: Mancher Reiter zieht eine ebene Wiese einer stark frequentierten Reitanlage vor.

Wohlbefinden für Mensch und Tier

Die meisten Pferde und ihre Menschen verbindet trotz der vergleichsweise geringen Zeit, die sie täglich miteinander verbringen, ein unsichtbares Band. Diese Beobachtung teilen Stallbetreiber, Tierheilpraktiker, Tierärzte und Pferdebesitzer. Die Pferde spiegeln. Fühlt sich der Mensch wohl, ist auch das Pferd ausgeglichen. Bringt der Mensch seinen Stress und Ärger des Tages mit in den Stall oder erlebt ihn dort, versuchen Pferde sich zu entziehen oder entwickeln bei langfristigen Belastungen gesundheitliche Probleme. Umso wichtiger ist es, dass ein gutes Stallklima auch zum Wohlbefinden des Pferdebesitzers beiträgt. Viele Reiter verbringen einen beträchtlichen Teil ihrer Freizeit bei ihrem Pferd und pflegen einen Großteil ihrer Freundschaften in diesem Umfeld. Manche Reiter möchten gerne unter ihresgleichen bleiben und argumentieren damit, dass die rassespezifischen Besonderheiten ihrer Tiere – so es diese geben mag – besser berücksichtigt werden. Entscheidend ist jedoch, dass ihr Pferd artgerecht untergebracht und mit fundierter Sachkenntnis versorgt wird. Moderne Stallsysteme und gut informierte Stallbetreiber sind in der Lage, diese Bedürfnisse auch in Herden mit einer bunten Mischung an Rassen, Größen und Reitweisen zu bieten. Pferdebesitzer, die den Blick über den Koppelzaun gewagt haben, gewinnen meist zusätzlich durch Inspiration aus anderen Reitweisen und Pferdetraditionen.

Bevor Sie sich auf die Suche machen, ist es sinnvoll, auf einer Checkliste all das festzuhalten, was Ihnen für Ihr Pferd und Sie wichtig ist. Meist vergisst man in einem ersten Gespräch in der Fülle der Informationen wichtige Punkte abzufragen. Neben allgemeinen Auskünften sollten Sie klären, inwieweit auf Ihre individuellen Anforderungen eingegangen werden kann, vor allem wenn das Pferd möglicherweise gesundheitliche Probleme hat. Ein gezielter telefonischer Vorab-Check spart mitunter zeitaufwändige aber ergebnislose Stallbesichtigungen.

Unterschiedliche Pferde können sich problemlos verstehen. Meist fällt das den unterschiedlichen Besitzern schwerer.

Do-it-yourself-Lösungen

„Reitest du schon oder mistest du noch?" ist die kritische Frage, die sich viele Pferdehalter in Eigenregie oder tatkräftiger, vertraglich vereinbarter Mithilfe im Stall immer wieder stellen müssen. Pferdehaltung in Eigenregie – am besten hinter dem Haus – ist der Traum vieler Pferdebesitzer. Wer sich darauf einlässt, muss alle Vor- und Nachteile gründlich abwägen. Was für viele Pferdebesitzer die Erfüllung ist und bestens funktioniert, gerät für manch anderen Pferdefreund zum Alptraum. Pferdehaltung in Eigenregie setzt voraus, dass Sie über viel Zeit, Geld sowie Kenntnisse und ein Händchen im Umgang mit Pferden, Landwirten, Grundstücksbesitzern und Genehmigungsbehörden verfügen. Außerdem brauchen Sie – und das Wichtigste wird häufig vergessen – ein Netzwerk aus zuverlässigen und sachkundigen Menschen in Ihrem Umfeld, die helfend einspringen, wenn Sie die täglichen Pflegearbeiten über kürzer oder länger einmal nicht verrichten können! Ist für den Krankheitsfall, berufliche Verpflichtungen oder ein paar Tage Urlaub nicht vorgesorgt, wird die Pferdehaltung in Eigenregie leicht zur Fessel.

Der größte Irrtum bei angehenden Do-it-yourselfern ist die Annahme, dass die Pferdehaltung billiger wird. Der eigene Vierbeiner kann schließlich nicht alleine hinters Haus oder in den gepachteten Stall ziehen. Es muss mindestens ein eigenes weiteres Pferd

Nur mit einer positiven Einstellung zu allen Arbeiten rund ums Pferd kann man als Selbstversorger glücklich werden.

Do it yourself im Pferdestall ist häufig ein Leben mit Kompromissen und Entbehrungen – vor allem für Pferdebesitzer.

angeschafft werden oder Sie organisieren mit Einstellern die Gesellschaft Ihres Vierbeiners. Wer mit seinen Pferden in die eigenverantwortliche Haltung wechselt und nicht auf einen eigenen Hof oder wenigstens Stall zurückgreifen kann, muss diesen mit hohem finanziellen und organisatorischen Aufwand bauen. Die größten Hürden stellen erfahrungsgemäß Bauämter, Naturschutz- und Landwirtschaftsbehörden sowie der Wasserschutz dar. Leider können Pferdehalter in den wenigsten Regionen ohne landwirtschaftlichen Betrieb im Rücken mit unkomplizierten Genehmigungsverfahren rechnen. Die Skepsis gegenüber Kleinhaltungen ist besonders groß und Sie können sicher punkten, wenn Sie klare Vorstellungen, ein gut durchdachtes Haltungskonzept und fundierte Sachkenntnis in Fragen der Landwirtschaft und des Natur- und Landschaftsschutzes mitbringen. Eine vorerst preiswertere und abgespeckte Version der absoluten Unabhängigkeit ist die Miete eines bestehenden Stalles und Weideflächen auf einem landwirtschaftlichen Betrieb. Hier erwerben Sie indirekt, nicht jedoch im rechtlichen Sinne, durch Miete von Stall und Weideflächen die „Privilegien" der Landwirtschaft im Außenbereich. Klare vertragliche Vereinbarungen über den Leistungsumfang wie der Bereitstellung von Futter oder Lagerflächen für Heu, der Mistentsorgung und notwendiger Ausbaumaßnahmen sind für beide Seiten die Voraussetzungen für ein gelingendes Miteinander.

Schnell stellen angehende Selbstversorger fest, dass die sorgfältige Do-it-yourself-Pferdehaltung keineswegs zum Nulltarif zu bekommen ist. Unbezahlbar ist jedoch das Gefühl, endlich selbst für das Wohl des eigenen Tieres verantwortlich zu sein. Pferdehaltung in Eigenregie ist ein Leben mit vielen Kompromissen, sofern man nicht über nahezu unbegrenzte finanzielle Möglichkeiten

Überlassen Sie solche arbeits- und kostenintensiven Arbeiten besser Landwirten, die bereits über die Maschinen und das Know-how verfügen.

verfügt, die einen Hof- und Flächenkauf und den Bau des technisch ausgefeilten Traumstalls aus dem Stallbaukatalog ermöglichen. Die Suche nach Landwirten, die Heu zuverlässig und in der vereinbarten „Pferdequalität" zu fairen Preisen liefern, löst die nervenaufreibenden Diskussionen über Futtermenge- und -qualität im Pensionsstall ab. Statt der bangen Frage, ob die Medikamente zuverlässig verabreicht und Verletzungen versorgt wurden, setzen Sie sich jetzt selbst mehrmals täglich ins Auto und fahren zu Ihrem Pferd. Während im Pensionsstall früher mehr oder weniger zuverlässig angeweidet wurde, vertreiben Sie sich jetzt im Frühjahr bei Wind und Wetter mehrere Stunden die Zeit bei den Pferden und schauen beim Fressen zu, bauen Zäune, fahren Mist weg, …

Nichtsdestotrotz finden Sie nur wenige Selbstversorger, die zurück in den Pensionsstall möchten. Je klarer Sie sich im Vorfeld über alle Vor- und Nachteile dieser Haltungsform sind, umso größer ist die Wahrscheinlichkeit, dass Sie die täglichen Arbeiten rund um das Pferd zufrieden verrichten und dennoch ausreichend Zeit zum Reiten finden. Besonders wichtig in dieser Haltungsform ist es deshalb, regelmäßig zu reflektieren und vor allem Zeitfallen aus dem Weg zu räumen. Hierzu können Ordnung und kleine Alltagshelfer sowie kurze Arbeitswege hervorragend beitragen.

Besonders anfällig ist diese Haltungsform, wenn sich Lebensumstände ändern: Berufliche Veränderungen, der Ausbildungsabschluss, ein notwendiger Wohnortwechsel, ein längerer Auslandsaufenthalt, ein neuer Partner, der mit Pferden nichts am Hut hat, Kinder kommen, ein Unfall oder eine Krankheit legen Sie vorübergehend lahm. In all diesen Fällen benötigen Sie ein gut funktionierendes Netzwerk an Helfern, die für eine gewisse Zeit die wichtigsten Arbeiten übernehmen können …

Zur Erinnerung für Do-it-yourselfer: Das ist Ihr Hobby! Vernachlässigen Sie nicht die gemeinsame Kraft spendende Zeit mit dem Pferd im Sattel!

Haltergemeinschaften

Für Pferdebesitzer, die ein einzelnes Pferd in Eigenregie halten wollen, sind Haltergemeinschaften eine alternative Möglichkeit der Pferdehaltung. In diesen Pferde-WGs können Pferde mit gleichen Haltungsansprüchen hinsichtlich Diätbedarf oder speziellen Haltungsbedürfnissen wie bei Sommerekzem, Hufrehe, Allergien, Futterunverträglichkeiten, Silagefütterung, getauchtem oder bedampftem Heu zusammen gehalten werden. Die tiergerechte Versorgung solcher Pferde findet in konventionellen Pensionsbetrieben, häufig auch gegen Aufpreis, zu wenig Beachtung und Sorgfalt, sodass sich ihre Besitzer oftmals entnervt der Haltung in Eigenregie zuwenden.

Sinnvoll in einer Haltergemeinschaft ist die konkrete Ausarbeitung eines Haltungskonzepts, das für alle Beteiligten bindend ist. Dabei stehen die Bedürfnisse der Pferde im Vordergrund. Haltergemeinschaften befreundeter Pferdebesitzer mit Tieren, die völlig unterschiedliche Anforderungen an wichtige Haltungsparameter stellen, beispielsweise Rehepferde und schwerfuttrige Pferde in einer Gruppe, haben von vorneherein wenig Chancen auf das Gelingen. Die Regelung der Arbeitseinsätze ist in solchen Haltergemeinschaften neben der Finanzierung von Anschaffungen sicher der wichtigste Punkt und sollte schriftlich festgehalten werden. Dabei muss auch der Umgang mit gelegentlichem oder längerfristigem Ausfall, beispielsweise durch berufliche Anforderungen, Krankheit, Unfall oder familiäre Veränderungen bei einzelnen Haltern abgesprochen werden: Können Dritte die Pferdeversorgung sachkundig nach einer Einweisung übernehmen oder verrichten die Miteinsteller die Mehrarbeit gegen Kosten- oder Arbeitsausgleich?

Wichtig!
In einer Haltergemeinschaft sind alle Pferdebesitzer für das Wohl ALLER Pferde verantwortlich!

Eine flache hierarchische Struktur ist für das Gelingen einer Haltergemeinschaft förderlich. Wenigstens der „Chef" der Haltergemeinschaft sollte aber über eine fundierte Sachkenntnis in Haltungsfragen verfügen. Ein „Sachkundenachweis Pferdehaltung" ist in Verhandlungen mit Stallvermietern, Futterlieferanten, Landwirten, die den Mist abnehmen oder Behörden sicher hilfreich. Bei der Aufnahme von Einstellern ist er mittlerweile Voraussetzung. Außerdem sollte der Chef als Hauptmieter und Ansprechpartner für den Stallvermieter

Die Haltergemeinschaft kann nur dann bestehen, wenn die Pferdebesitzer zuverlässig und pünktlich ihren „Dienst" antreten und alle gleiche Prioritäten in allen wichtigen Haltungsfragen setzen.

zur Verfügung stehen. Die Pferdebesitzer sollten sich regelmäßig treffen, um gemeinsam an möglichen Verbesserungen für die Haltung, die Arbeitsorganisation, die Materialbeschaffung zu arbeiten, Urlaube und Fehlzeiten abzustimmen oder sich einfach in entspannter Atmosphäre auszutauschen. Die „Pflege des Stallklimas" ist maßgeblich für den Erfolg dieser Haltungsform. Daher ist es besonders wichtig, dass sich Menschen auf der gleichen Wellenlänge und ähnlicher Bereitschaft zur Übernahme von Arbeit und Verantwortung zusammenfinden. Pferdehalter, die mit enormer Energie an der Optimierung der Haltung arbeiten, tun sich langfristig mit solchen Zeitgenossen schwer, deren Einsatzbereitschaft oder der Wille zur Weiterbildung sich nur auf minimal tolerierbarem Niveau bewegt. Solchen Mitmenschen fallen auch an ihren Stalldiensttagen nur selten Probleme – vor allem – an fremden Pferden auf. Notwendige Investitionen in alle unbeweglichen Stalleinrichtungen, wie An- und Umbauten der Stallgebäude, Paddockbeläge oder feste Zäune übernimmt idealerweise der Stallvermieter in Abstimmung mit der Haltergemeinschaft. Dem Investitionsvolumen entsprechend muss sich natürlich die Stallmiete bemessen, wobei hier eine Abschreibung über zehn Jahre an festem Inventar fair erscheint.

Muss die Haltergemeinschaft notwendige Investitionen übernehmen, sollten die Mitglieder im Vorfeld bindende Vereinbarungen darüber treffen, wer wie viel Geld einbringt und welcher Anteil bei vorzeitigem Verlassen vor Ende des Abschreibungszeitraums zurückerstattet wird. Vertragliche Vereinbarungen über Art und Umfang der Umbaumaßnahmen müssen in jedem Fall mit dem Eigentümer des Stalles geschlossen und Ausstiegsklauseln mit der Übernahme von Investitionskosten vereinbart werden.

Es ist für Haltergemeinschaften und Selbstversorger gleichermaßen ratsam, einen schriftlichen Miet- oder Pachtvertrag für Stall-, Paddock- und hofnahe Weideflächen sowie Wasser und Strom abzuschließen. Das Futter kann nach Bedarf vom Stallvermieter oder einem anderen Lieferanten erworben und mengenabhängig abgerechnet werden. So erzielen Sie eine größere Transparenz bei Ihren Kosten und legen diese leichter auf Miteinsteller um.

Maschinenpark oder Handarbeit
Mit dem Gang in die Selbstständigkeit stellt sich die Frage, wie viel kostspielige Technik angeschafft werden muss um einen Do-it-yourself-Stall zu unterhalten. Hier gilt der Rat: „Lassen Sie es langsam angehen." Nur selten ist das finanzielle Budget unbegrenzt, und zu Beginn gilt es, die Grundbedürfnisse der Pferde stillen zu können. Bei aller Vorausplanung und Organisation werden Sie im ersten Jahr der Selbstständigkeit Erfahrungen machen, auf die Sie sich eingestellt haben oder nie damit gerechnet hätten. Ihr Do-it-yourself-Stall hat idealerweise Strom und Wasseranschluss, sodass Sie auch im Winter bei Licht statt mit Stirnlampe füttern und misten können. Beheizte und auch bei niedrigen Temperaturen funktionierende Tränken sparen eine Menge Arbeit. Andernfalls schleppen

Die kleine Stallgemeinschaft funktioniert erfolgreich, wenn alle Pferdebesitzer die gleichen Schwerpunkte für die Haltung setzen.

Sie für eine ganze Pferdeherde Unmengen an Wasser im Kanister herbei. Wo Strom nicht vorhanden ist, kann über die Anschaffung eines mit Benzin betriebenen Stromgenerators nachgedacht werden. Dieser betreibt neben Licht auch eine elektrische Seilwinde zum Bewegen von Rundballen im Heulager. Solaranlagen sind nur bedingt eine Lösung, denn ihre Leistung ist stark wetterabhängig und kleinere Solarpanels sind vor allem in abgelegener Lage eine bevorzugte Diebesbeute.

Ein Traktor ist nicht zwingend notwendig, wenn Ihre Flächen überschaubar sind. Meist reicht für Pflegearbeiten auf (Portions-)Weiden ein günstiger Aufsitzmäher, in bergigem Gelände auch ein kippsicherer Gestrüppmäher und eine Motorsense zum Ausmähen von Zäunen. Kleine Traktoren mit geringer PS-Zahl älterer Bauart leisten bei größeren Flächen und notwendigen Transporte gute Dienste, können aber auch aufwändige und kostspielige Dauerpatienten sein, die enorm viel Aufmerksamkeit durch Pflege- und Reparaturarbeiten benötigen. Dabei haben die Veteranen der Scholle ein Fahrtempo, das für Tiefenentspannung sorgt. Außerdem brauchen die Oldies, aber auch Mähwerke, Mulchgeräte, Pressen und andere Maschinen vor allem im

Intelligente Planung schont das Zeitbudget

Generell sollten Sie bei der Planung und Einrichtung Ihres Stalles, egal ob als Pensionsstallbetreiber oder Do-it-yourselfer auf kurze, wenigstens mit Transportkarren befahrbare Wege achten. Zwischen Stalleinheiten oder Arbeitsbereichen können schmale Durchschlupfe für Abkürzungen sorgen.

Während für Pferde gilt, möglichst viel Laufanreize zu schaffen, sollten Sie mit intelligenten und durchdachten Lösungen für sich das Gegenteil schaffen: kurze, ebene Wege zwischen Futterlager und Fressplätzen, Ausläufen, Liegeflächen und Mistlager. Zeit, die Sie durch intelligent geplante Ställe sparen, können Sie umso mehr Ihrem Pferd widmen.

Winter besondere Vorkehrungen und am besten einen frostfreien Unterstand. Traktoren mit höherer Leistung, einer hubstarken Hydraulik und leistungsfähigen Zapfwellen sind entsprechend kostspielig. Mit einem Messerbalken ausgerüstet sind Schlepper älterer Bauart hilfreich, wenn in der Anweidephase Gras gemäht werden muss. Messerbalkenmäher sind vor allem im bergigen Gelände für leichte Personen schwierig zu händeln. Bei kleineren Pferdebeständen reicht eine Hand- oder Motorsense hierzu aber völlig aus. Aufwändige Pflegearbeiten auf großen Flächen, wie Abmulchen mindestens einmalig im Herbst, können Sie auch einen Landwirt in Lohnarbeit erledigen lassen, falls Sie kleinere Umtriebsweiden nicht regelmäßig nach dem Abtrieb sofort nachmähen.

Mit zwei großen Schubkarren für Mist und Futter können Sie die meisten Transporte auf dem Stallgelände bewältigen. Elektrische Systemkarren sind kein Luxus, wenn Strom verfügbar ist, und schonen den Rücken. Generell sollten Sie bei allem Elan zu Beginn Ihrer Selbstständigkeit schwere Handarbeiten nicht allzu (kraft-)sportlich sehen. Schließlich ist Ihre Gesundheit jetzt Ihr Kapital und unerlässlich für die gute und zuverlässige Versorgung der Pferde.

Internet-Tipp

Kalkulationsdaten, die bei der Entscheidung zur Anschaffung einer größeren Maschine oder der Vergabe von Fremdleistungen hilfreich sind, finden Sie auch in der Datensammlung Betriebsplanung auf der Internetseite des Kuratoriums für Landwirtschaftliches Bauen (KTBL).

In den Anzeigenrubriken der landwirtschaftlichen Wochenblätter, auf Landmaschinenportalen im Internet und bei Landhändlern finden Sie gebrauchte Landmaschinen. Hin und wieder gibt es unter www.zoll-auktion.de Schnäppchen aus Kommunalbetrieben zu ersteigern.

Wenn Sie über keinen Traktor mit Anhänger verfügen, den Sie für Transportfahrten zum Heu holen oder Mist wegbringen nutzen können, sollten Sie je nach Lage, Erreichbarkeit und Wegqualität über einen PKW-Kombi oder Geländewagen mit Allrad verfügen, der im Offroad-Einsatz sowohl innen wie auch außen schmutzig werden darf. Ein Pferdeanhänger der nicht ausschließlich zum Transport von Sportpferden zugelassen ist (grüne Nummer) dient zum Transport von Futter, Einstreu und Baumaterial. Mehr Flexibilität hat ein kleiner ungebremster PKW-Anhänger (ca. 750 kg zul. Gesamtgewicht) zum Fahren von Zaunmaterial, möglicherweise Mist, dem Transport eines Wasserfasses mit 600 Liter Fassungsvermögen im Sommer oder Heu im Herbst. Dieser ist preiswert in der Anschaffung und günstig im Unterhalt.

Für Weiden benötigen Sie ausreichend Zaunmaterial und wenigstens zwei Weidezaungeräte mit Ersatzbatterien. Gute Qualität zahlt sich hier vor allem bei Zäunen die regelmäßig auf- und abgebaut werden müssen aus. Die teure Highend-Lösung braucht es aber auch nicht sein. Der Fachhandel und spezialisierte Stallbauunternehmen bieten eine Fülle von guten und kostspieligen Lösungen an. Es hängt ganz von Ihrem finanziellen Vermögen und Ihrem handwerklichen Geschick ab, in welchem Maß selber bauen oder selber kaufen für Sie infrage kommt. Meist finden sich in den Kleinanzeigenmärkten des Internets oder in landwirtschaftlichen Wochenblättern eine Fülle gebrauchter Arbeitsgeräte, Futterraufen und Stalleinrichtungen.

Ausnahmezustände managen
Für Pferdehalter gibt es kaum Schöneres als ihre Zeit mit ihren Pferde zu verbringen. Das Reiten oder Fahren steht bei fast allen Pferdebesitzern im Vordergrund und wenn alles drum herum rund läuft, kann man sich in Ruhe und mit Muse auf sein Pferd einlassen, die Seele baumeln lassen und trotz sportlicher Betätigung entspannen. Die meisten Menschen schaffen sich ihre Pferde in einer Lebensphase an, in der ihre Lebensumstände und die wirtschaftliche Situation die Freude am eigenen Vierbeiner uneingeschränkt zulassen. Kaum einer macht sich detaillierte Gedanken zum „Was wäre wenn …". Glücklicherweise können wir alle nicht in die Zukunft sehen und das Glück des Augenblicks so voll genießen. Doch mit dem Erwerb eines Vierbeiners übernehmen wir möglicherweise für einen langen Zeitraum Verantwor-

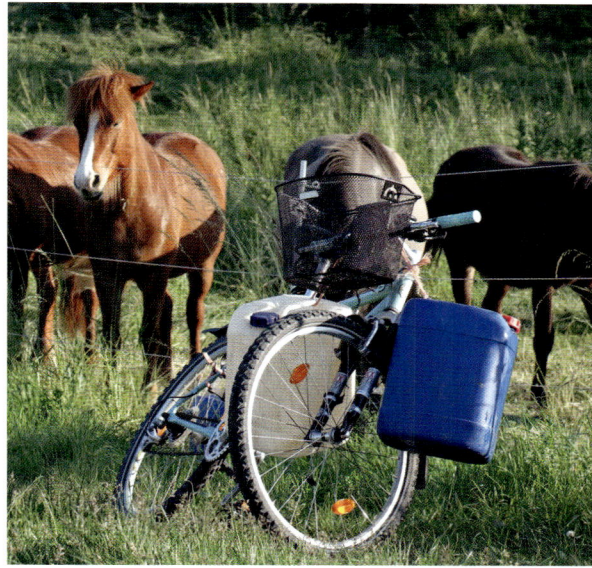

Das Maß an Mechanisierung ist neben den finanziellen Aspekten von vielen sehr individuellen Voraussetzungen abhängig.

tung für ein Tier, mit dem wir üblicherweise nicht unter einem Dach leben und dessen Ansprüche aufgrund seiner Größe und seiner Haltungsanforderungen nicht von jedermann im Notfall erfüllt werden können. Entsprechend sinnvoll ist es, trotzdem ein paar Gedanken an die persönliche Lebensplanung zu verschwenden um nicht über kurz oder lang vor der Entscheidung stehen zu müssen, das Pferd wieder abzugeben. Für vorhersehbare oder schicksalsbeladene Umstände ist es hilfreich, sich wenigstens einen groben Plan B zurechtzulegen, an dem Sie sich selbst oder ihre Angehörigen orientieren können. Dabei darf kein Gedanke tabu sein: Falls Sie vorübergehend aber länger ausfallen, kann ein Pferd in einer befreundeten Reitschule im Schulbetrieb besser untergebracht sein, als über Wochen und Monate sich selbst überlassen zu sein und nur mit dem Mindesten an Bewegung und Beschäftigung versorgt zu werden. Vielleicht haben Sie aber auch kurzfristig einen Stall zur Hand, in dem ein Pferd verhaltensgerecht und naturnah gehalten, und über längere Zeit artgerecht „geparkt" werden kann. Sollte für Sie – aus welchen Gründen auch immer – klar sein, dass Ihr Ende im Reitsport oder als Pferdebesitzer besiegelt ist, sollten Sie eine Perspektive für Ihr Pferd haben. Ist es voll einsatzfähig und auf dem Markt guten Gewissens anzubieten, ziehen Sie den Verkauf in Erwägung. Ist das Pferd mit körperlichen Handicaps behaftet oder nicht mehr reitbar, kann ein Gnadenbrothof mit hohem Versorgungsstandard die beste Lösung für Sie und Ihr Pferd sein. Ist Ihre finanzielle Situation jedoch schwierig, darf es kein Tabu sein – und jetzt wird es für viele Pferdebesitzer grenzwertig – über Einschläfern oder Schlachtung nachzudenken. Mit diesem Schritt tun Sie Ihrem geliebten Verbeiner einen viel größeren Gefallen, als ihn auf dem Markt in der Rubrik unreitbare 1 €-Beistell-Wanderpokale anzubieten und einem ungewissen Schicksal zu überlassen.

Pferd und Kind?

Ist Nachwuchs unterwegs, geraten viele Pferdebesitzer(innen) in Panik. Auch wenn es nicht jederfraus Sache ist, bis in die letzten Tage der Schwangerschaft auf dem Pferd zu sitzen und der Gynäkologe bei schweren körperlichen Arbeiten schon früh die rote Karte zeigt, haben Sie eine ganze Weile Zeit, sich auf die neue Situation einzustellen. Mit einer oder zwei zuverlässigen Reitbeteiligungen wird Ihr Pferd ausgelastet sein und Bodenarbeit, Longieren sowie Spazierenge-

hen ist bei einem normalen Schwangerschaftsverlauf bis zum Schluss möglich. Für die erste Zeit nach der Geburt sollten Sie sich darauf einstellen, dass alles möglich sein kann. Nehmen Sie sich auf alle Fälle nicht zu viel vor – an Erwartungen an die eigene körperliche Leistungsfähigkeit, die durch Schlafmangel und Stillen durchaus gedrosselt sein kann, ebenso an Ihr Zeitbudget mit Kind. Manche Säuglinge schlafen regelmäßig und viel und Sie schmeißen mit Elan einen ganzen Stall, andere brauchen wenig Schlaf, haben ständig Hunger und wollen nicht im Wagen liegen. Dann kommen Sie möglicherweise nur noch zum Nase streicheln, wenn eine (Ersatz-)Oma nicht tapfer die Stellung beim Nachwuchs hält.

Wenn Sie Ihr Pferd in einem Stall untergebracht haben, der eine verhaltensgerechte Haltung gewährleistet, können Sie Ihrem Vierbeiner getrost eine Auszeit gönnen. Über einen Pferdeverkauf sollten Sie erst einmal nur nachdenken, wenn sicher ist, dass die Haltung aus finanziellen Gründen definitiv nicht mehr möglich ist. Zu schnell ist das Traumpferd, zu dem man ein tiefes Vertrauensverhältnis aufgebaut hat, verkauft und die Frustration ein paar Jahre später groß, wenn genau das Pferd nicht mehr gefunden wird, dem man auch die eigenen Kinder anvertrauen würde.

1 Was für manche Reiterin anfangs eine unüberschaubare Situation sein mag,
2 ... lässt sich lösen,
3 ... und einen gefühlten Wimpernschlag später teilt man den Spaß am Pferd mit dem eigenen Nachwuchs.

2 : 3

Hier fühlen
sich Pferde wohl

Tiergerechte Ställe planen und managen

"Wir sollten uns hüten, Pferde zu vermenschlichen."

Prof. D. Frank Brecht

In Deutschland, Österreich und der Schweiz unterscheiden sich die rechtlichen Regelungen für die Haltung von Pferden deutlich. In Deutschland ist die Haltung von (landwirtschaftlichen) Nutztieren wie Kälbern, Schweinen oder Legehennen per tierartspezifischer Haltungsverordnungen rechtsverbindlich geregelt. Diese Rechtsnormen basieren auf einheitlichen Vorgaben, die innerhalb der Europäischen Union gelten. Es werden Rechte und Pflichten formuliert, die gleichsam für jeden gelten. Für Pferde existiert eine solche Haltungsverordnung in Deutschland nicht. Hier dienen außer den allgemeinen Haltungsgrundsätzen im Tierschutzrecht lediglich die Leitlinien zur Beurteilung von Pferdehaltungen unter Tierschutzgesichtspunkten (Stand 9. Juni 2009), die das Bundesministerium für Ernährung, Landwirtschaft und Verbraucherschutz veröffentlicht hat. Sie sind zwar nicht rechtsverbindlich im Sinne einer Verordnung oder eines Gesetzes, dienen aber als Orientierungshilfe in Planungs- und Genehmigungsverfahren für die Tierhaltung oder bei der Beurteilung von Pferdehaltungen durch Amtstierärzte. Während die darin enthaltenen Forderungen an eine pferdegerechte Haltung manchen Pensionspferdebetrieb an räumliche, personelle oder finanzielle Grenzen bringt, geht sie vielen Verfechtern verhaltensgerechter Pferdehaltung nicht weit genug. Insgesamt bieten die Leitlinien eine gute Basis, um Pferden eine tiergerechtere Unterbringung zu schaffen, unabhängig davon, ob es auch das Ziel der an der Planung und Finanzierung beteiligten Menschen ist!

In Österreich gilt das Bundesrecht, und die Mindestanforderungen für die Haltung von „Pferden und Pferdeartigen" sind in der 1. Tierhaltungs-

Die Dimensionierung von Pferdeställen sollte aus Pferdesicht so großzügig wie möglich, aus Menschensicht arbeitswirtschaftlich vertretbar ausfallen.

verordnung (Stand 6. Februar 2012) formuliert. Neben planungstechnischen Maßgaben für Stall und Auslauf enthält die Verordnung auch Mindestanforderungen an die Qualifikation der Betreuungspersonen für die Tiere und auch die Betreuung selbst, außerdem besondere Anforderungen an die ganzjährige Freilandhaltung und die Almwirtschaft.

In der Schweiz gelten das Tierschutzgesetz (Stand 16. Dezember 2005), die Tierschutzverordnung (Stand 23. April 2008) und die Verordnung des Bundesamtes für Veterinärwesen (BVET) über die Haltung von Nutztieren und Haustieren (Stand 27. August 2008). Die Mindestanforderungen für Pferdehaltungen finden Interessierte im Tierschutz-Kontrollhandbuch des BVET (Stand 01.10.10).

Internet-Suche rund ums Stallklima
Warmstall, Kaltstall, Thermoregulation, Schadgase, Ammoniak, Schwefelwasserstoff, Methan, Lachgas, Kohlendioxid, Diffusionsprüfröhrchen, Zugluft, ppm.

Pferdegerechtes Stallklima

Für die Pferdehaltung gibt es eine Vielzahl von Möglichkeiten und Angebote von Seiten der Pensionsstallbetreiber. Noch immer sind die meisten gewerblichen Stallplatzangebote für Reitpferde im Bereich von Box oder Paddockbox zu finden, während Sie im Selbstversorgerbereich mehr oder weniger häufig robuste Gruppenhaltungssysteme antreffen. Zaghaft aber wahrnehmbar setzen sich mittlerweile immer mehr Pensionsstall-

betreiber auch mit pferdegerechten Haltungssystemen auseinander und bieten Stallplätze in Gruppenlaufställen an. Alle Haltungssysteme haben verschiedene Vor- und Nachteile, die jedoch aus der Sicht von Pferdebesitzern, Reitern, Stallbetreibern und Personal sowie den Kriterien aus Pferdesicht sehr unterschiedlich gewichtet werden müssen. Letztlich liegt es in der Verantwortung der betreuenden Menschen, wie viel verhaltensgerechtes Leben sie Pferden zugestehen.

Wer einen Stallneu- oder -umbau plant oder einen neuen Stall für sein Pferd sucht, muss sich neben der Formulierung der eigenen Bedürfnisse deshalb immer wieder die Grundbedürfnisse seines Pferdes in Erinnerung rufen und bewusst machen, dass er nur einen kleinen Teil des Tages selbst für die Erfüllung dieser Bedürfnisse sorgen kann. Je geringer die frei verfügbare Zeit dafür ist, umso wichtiger ist die Erfüllung dieser Pferdebedürfnisse durch artgerechte Haltungssysteme oder die intensive und kostspielige Gewährleistung durch ergänzende Angebote, vor allem bei der Bewegung, der Fütterung und des Aufenthaltes an der frischen Luft.

Der Licht- und Frischluftbedarf des Pferdes ist als ehemaliges Steppentier sehr groß. Die hohe Fluchtbereitschaft macht große, leistungsstarke Lungen notwendig, deren Leistung wir uns auch im Reitsport zunutze machen. Umso sorgfältiger müssen wir dementsprechend auf die Luftqualität im Stall achten.

Erstaunliche Temperaturtoleranz
Pferde verfügen unabhängig von ihrer Rasse über eine hervorragende Thermoregulation, mit der sie sich problemlos an die Umgebungstemperatur anpassen können. Damit erklärt sich, dass Pferde sich bei freier Wahl am liebsten draußen aufhalten und den

---

Checkliste – was Pferde mögen:

- Freie und selbstbestimmte Bewegung über viele Stunden des Tages
- Ruhezonen mit der Möglichkeit, sich auf einem trockenen und verformbaren Untergrund abzulegen
- Viel (Tages-)Licht oder großzügige künstliche Beleuchtung in einem tageslichtähnlichen Spektrum
- Freie Sicht zum Wachen
- Freier Zugang zu frischer Luft, auch bei schlechtem Wetter
- Pferdegerechtes, energiearmes, rohfaserreiches und hygienisch einwandfreies Grundfutter, das den Bedarf für die Erhaltung und weitgehend der Arbeit deckt
- Freie Wahl und Pflege von Sozialkontakten mit Artgenossen

Stall lediglich aufsuchen, wenn ihnen Fliegen in der sommerlichen Hitze zusetzen, die einzige Wasser- oder Futterquelle im Stall ist oder sich nur dort auf weichem Boden Urin absetzen lässt. Für Pferde gibt es kaum andere Anreize einen Stall oder Unterstand aufzusuchen.

Pferdeställe müssen so geplant werden, dass die Stalltemperatur der Außentemperatur folgt, Extremwerte wie tiefe Nachtfröste im Winter oder sommerliche Mittagshitze aber abmildert. Gleichbleibende Stalltemperaturen, wie sie in geschlossenen „Warmställen" vorherrschen, trainieren die Thermoregulation von Pferden nur unzureichend und führen zu einer höheren Anfälligkeit. Solche Pferde müssen bei einem geplanten Umzug in einen Kaltstall oder Offenstall langsam – am besten nach dem abgeschlossenen Frühjahrsfellwechsel – akklimatisiert werden. Eine gut funktionierende, zugfreie Luftzirkulation gewährleistet die notwendige Frischluftzufuhr. Wasserdampf, Staub, Keime und Schadgase werden dagegen abtransportiert. Ab einer Geschwindigkeit der bewegten Luft von mehr als 0,2 m/s ist der ausreichende Luftaustausch gewährleistet. Die Temperatur entspricht dabei der Umgebungstemperatur. Kann der Luftstrom großflächig auf den Pferdekörper auftreffen, spricht er die Thermoregulation an und aktiviert das Immunsystem. Pferdedecken hemmen die Thermoregulation und sollten nur dort eingesetzt werden, wo es dringend erforderlich ist. Von Zugluft spricht man nur, wenn deutlich kältere Luftströme als die Umgebungsluft mit hoher Strömungsgeschwindigkeit auf kleine Körperpartien treffen und die Thermoregulation keine Antwort auf diese Reize gibt.

Die relative Luftfeuchtigkeit liegt mit 60 bis 80 % im optimalen Bereich. Eine höhere Luftfeuchtigkeit fördert Erkrankungen des Atmungsapparates und rheumatische Erkrankungen. Sie birgt außerdem das Risiko der Kondenswasserbildung an kühleren Stallwänden und bietet Schimmel, Bakterien und Parasiten ein ideales Milieu. Betroffen sind hiervon vor allem bo-

Pferde sind Klimawiderständler und für ein Leben unter natürlichen Bedingungen hervorragend ausgerüstet – wenn man sie lässt.

dennahe Nischen. Eine hohe Luftfeuchtigkeit schränkt Pferde in ihrer Möglichkeit, Körperwärme durch großflächiges Schwitzen abzugeben, stark ein. Durch die sorgfältige Auswahl der Einstreu und des Raufutters sowie der Entmistung muss der Staub- und Keimgehalt sowie Schadgaskonzentrationen aus der Umsetzung von Kot und Urin in der Einstreu in einem verträglichen Rahmen gehalten werden.

Frische Stallluft
In der Stallluft finden sich verschiedene Gase aus Stoffwechselprozessen der Tiere und mikrobiellen Prozessen in der Einstreu. Ab einer bestimmten Konzentration dieser Gase in der Umbegungsluft spricht man von Schadgasen, da sie den Pferdeorganismus belasten oder schädigen können. Der Kohlendioxidgehalt (CO_2) der Frischluft beträgt 390 ppm. Im Stall ist eine Konzentration von weniger als 1 000 ppm tolerierbar. Höhere Konzentrationen weisen auf eine schlechte Lüftung oder Stallhygiene hin. CO_2 ist ein Indikator für die Qualität der Stallluft und die Lüftungsrate (DIN 18910-1, 2004).

Ammoniak ist das bedeutendste Schadgas im Pferdestall. Es entsteht bei der Umsetzung von Harnstoff und Fäulnisprozessen stickstoffhaltigen organischen Materials im Pferdeurin durch das Enzym Urease, das natürlich im Pferdekot vorkommende Bakterien bilden. Überall dort wo also Kot und Urin zusammenkommen – vor allem in den räumlich knapp dimensionierten Haltungssystemen – ist das für Erkrankungen der Atemwege und Strahlfäule verantwortliche Gas anzutreffen. Die Ammoniakkonzentration in der Stallluft sollte 10 ppm nicht überschreiten. Dies kann jedoch durch sorgfältige Einstreupflege und ausreichende Frischluftzufuhr erreicht werden. Hohe Ammoniakkonzentrationen verursachen Augenreizungen und Schleimhautreizungen in den oberen Atemwegen. Verätzungen sind Eintrittspforten für Folgeinfektionen. Konzentrationen über 30 ppm schädigen die Atmungsorgane und beeinflussen die Atmung sowie die Herztätigkeit negativ. Blutdruck und Atemfrequenz erhöhen sich. In Verbindung mit Staub beeinträchtigt das Gas die Reinigungsfunktion des Flimmerepithels der Atemwege.

> **Wieviel Mief ist in der Luft?**
> Ein einfaches Verfahren, die Kohlendioxid- und Ammoniakgehalte in der Stallluft abzuschätzen, bieten Messungen mit Diffusionsprüfröhrchen der Firma Dräger.

Das Stallklima im Überblick

Parameter	Richtwert
Lufttemperatur	Stalltemperatur folgt der Außentemperatur
relative Luftfeuchtigkeit	60 – 80 %
Luftgeschwindigkeit im Tierbereich	≥ 0,2 m/s
Kohlendioxidgehalt der Stallluft	< 1000 ppm
Ammoniakgehalt der Stallluft	< 10 ppm
Schwefelwasserstoffgehalt der Stallluft	0 ppm

Quelle: Leitlinien zur Beurteilung von Pferdehaltungen unter Tierschutzgesichtspunkten, BMELV

Ammoniak wirkt schädigend auf die zelluläre Oberfläche des Atmungstraktes von Mensch und Tier und gefährdet hier in besonderer Weise Jungpferde. Schwefelwasserstoff (H_2S), Methan (CH_4) und Lachgas (N_2O) sind Schadgase in Ställen, die bei anaeroben Fäulnisprozessen in Gülle und Mist nachweisbar und in Pferdeställen normalerweise nicht zu finden sind. Schwefelwasserstoff ist ein hochgiftiges Gas, das schon in geringen Mengen nach fauligen Eiern riecht. Ein Nachweis dieser Gase (H_2S ≥ 0,2 ppm) lässt auf extrem unhygienische Zustände im Stall schließen und ist allenfalls in sehr nassen, tiefen Mistmatratzen vorstellbar.

Hell, heller, draußen

Als ehemalige Bewohner in baumlosen Steppen sind Pferde wie keine andere Haustierrasse vom Licht abhängig. Man kann getrost sagen, sie benötigen so viel Licht wie das Gras, das sie fressen, zum Wachsen. Während Rinder und Schweine als ursprüngliche Bewohner von Waldsäumen und Wäldern mit deutlich weniger Licht in ihren Ställen als Pferde auskommen, sehen viele Pferde kaum die Sonne. Sie führen ein Leben zwischen dunklen Ställen oder gar Innenboxen und den kurzen täglichen Arbeitsintervallen in oft schlecht beleuchteten Reithallen. Pferde haben in Dämmerungssituationen zwar ein besseres Sehvermögen als der Mensch, aber Licht im Sinne des natürlichen Spektrums des Sonnenlichts spielt im Pferdeorganismus eine weitaus größere Rolle als die der künstlichen Beleuchtung der Umwelt: Licht hat Einfluss auf den gesamten Stoffwechsel des Pferdes. Es beeinflusst in positiver Weise die Widerstandskraft, Leistungsfähigkeit und Fruchtbarkeit des Pferdes.

Licht ist eine elektromagnetische Strahlung von der Sonne und für Menschen im Bereich zwischen 380 und 760 Nanometern sichtbar. Darunter ist der Infrarotbericht, darüber der UV-Bereich. Zwischen 315 und 380 nm ist der Bereich von UV-A Strahlen, von 280 bis 350 nm UV-B- Strahlen und darunter der Bereich von UV-C-Strahlung. Vor allem die UV-Strahlung ist für den Pferdeorganismus von Bedeutung. An einem Sommertag hält die Sonne eine Lichtstärke von 100 000 Lux bereit, im Schatten immer noch 10 000 Lux, die Bürobeleuchtung hat selten mehr als 500 Lux und das Mondlicht 0,25 Lux. Pferdeställe sollten wenigstens 80 Lux haben. Für Reithallen werden aus Sicherheitsgründen noch höhere Lichtstärken empfohlen: nach der DIN 67526 100 Lux zum Voltigieren, 150 Lux zum Reiten, 200 Lux zum Springen und 400 Lux für Turnierbedingungen.

Licht ist essenziell zur Synthese des aus dem Provitamin 7-Dehydrocholesterol gebildeten Vitamins D3 (Cholecalciferol). Dieses hat im Körper die Funktion eines so genannten Prohormons. Über eine Zwischenstufe wird es zum Hormon umgewandelt, welches eine wesentliche Rolle bei der Regulierung des Blut-Calcium-Spiegels und der Knochenneubildung spielt. Ein Lichtmangel führt bei Pferden im Wachstum zu Knochenfehlbildungen und Knochenerweichung beim ausgewachsenen Tier. Bei Pferden jeden Alters nehmen die roten Blutkörperchen ab und durch die schlechtere Sauerstoffversorgung geht die Leistungsfähigkeit bis hin zur Muskelübersäuerung zurück. Lichtstärke und Beleuchtungsdauer spielen eine wichtige Rolle beim Fell-

> **Internet-Suche:**
> **Pferde brauchen Licht**
>
> Lichtspektrum, Lichtstärke, Lux, True-Light-Vollspektrum-Leuchtmittel, Vitamin D3, UV-Strahlung

1 Ein Platz an der Sonne: So viel Licht, wie die Sonne hergibt ist vor allem für die Skelettentwicklung der jungen Pferde von enormer Wichtigkeit.
2 Ein offenes Boxenfenster ist das Minimum was man einem Pferd bieten muss.

Ein absolutes No-Go: Aus Angst vor Frostschäden riegeln viele Stallbetreiber gerade in den lichtarmen Wintermonaten die Ställe zu.

wachstum. Die kürzer werdenden Tage führen in unseren Breiten ab etwa Mitte August zum Wachstum des Winterfells. Noch im Winter, also Anfang bis Mitte Februar beginnt das Pferd schon mit den deutlich länger werdenden Tagen normalerweise mit dem Abhaaren des Winterfells, oft zum Erstaunen der Besitzer. Eine 16-stündige Beleuchtung mit einem tageslichtähnlichen Strahlungsspektrum soll wirkungsvoller für ein geringeres Wachstum des Winterfells sorgen als das frühzeitige Eindecken der Pferde, welches nach den gewonnenen Erkenntnissen zur Wirkung von Licht auf den Pferdeorganismus sogar eher kontraproduktiv sein dürfte. Ältere Pferde sind schlechter mit Vitamin D3 versorgt, da ihr Hautstoffwechsel und die damit verbundene Vitamin-D3-Synthese deutlich nachlässt. Bei ihnen muss ebenso wie bei Pferden, die sich überwiegend im Stall aufhalten, die Versorgung des fettlöslichen Vitamins durch die Futtersupplementierung erfolgen. Aus der Humanmedizin ist jedoch bekannt, dass sich die orale Aufnahme pharmakologisch erheblich von der endogenen Produktion der Haut unterscheidet.

Die handelsüblichen Lichtquellen können Tageslicht weder hinsichtlich der Lichtstärke noch des Strahlungsspektrums erstzen. Lediglich die von der NASA entwickelten True-Light-Vollspektrum-Leuchtmittel kommen diesen Anforderungen nahe. Ein Mindestmaß für die erforderliche Lichtstärke in geschlossenen Stallungen gibt es in Deutschland nicht. Die Leitlinien zur Beurteilung von Pferdehaltungen unter Tierschutzgesichtspunkten formulieren lediglich eine Mindestanforderung für das Verhältnis Fenster zu Bodenfläche von 1:20, die bei Verschattung entsprechend größer sein sollte. Da Fensterflächen die Durchdringung von UV-Strahlen verhindern, ist hierdurch keine tiergerechte Beleuchtung zu erreichen. In der Schweiz gilt das gleiche Maß für Fenster und Öffnungen von einem Zwanzigstel der Bodenfläche. Die im Tierschutz in vielen Fällen führenden Eidgenossen verlangen in diesem Fall jedoch nur 15 Lux Beleuchtungsstärke im Tierbereich, was nicht einmal einem Drittel der in der EU-Schweinehaltungsverordnung angeordneten Lichtstärke von 50 Lux für den ehemaligen Waldbewohner Schwein vorsieht!

Zurückhaltend sind auch die Anforderungen in Österreich: Lediglich drei Prozent der Bodenfläche beträgt das Maß für offene oder transparente Flächen, durch die Tageslicht einfallen kann. Im Tierbereich müssen über mindestens acht Stunden pro Tag 40 Lux Beleuchtungsstärke gewährleistet sein. Dieser Wert liegt zwischen einer durchschnittlichen Flurbeleuchtung und der nächtlichen Straßenbeleuchtung. Man mag sich ausmalen, welche gesundheitlichen Probleme Pferde dadurch bekommen können. Engagierte Tierärzte der Tierärztlichen Vereinigung für Tierschutz e.V. fordern in Deutschland eine Mindestlichtstärke von 80 Lux. Diese Lichtstärke reicht aber auch nicht aus, um die Tagesrhythmik stoffwechselaktiver Hormone im Organismus zu aktivieren und beispielsweise die Rosse bei Stuten zu unterstützen. Der verantwortungsvolle Pferdehalter kommt nicht umhin, seinen Tieren täglich viele Stunden Freilauf im Freien bei Tageslicht zu bieten und bei Neubau von Ställen einen frei zugänglichen Auslauf einzuplanen.

Stromsparen darf trotz der gestiegenen Energiekosten kein Argument für dunkle Ställe sein. In vielen Fällen kann eine intelligente Anbringung moderner Strom sparender Leuchtmittel (LED) sowie das regelmäßige Reinigen von Fensterflächen, Lampen und Leuchtstoffröhren bereits zu einer deutlich pferdefreundlicheren Lichtausbeute führen. Verschiedene Schaltkreise können dazu beitragen, dass nicht alle Lampen gleichzeitig brennen müssen. Um Pferden auch eine ausreichende Ruhephase und einen natürlichen Tag-/Nachtrhythmus anzubieten, sollten Ställe nicht länger als 16 Stunden mit Kunstlicht erhellt werden. Noch immer verriegeln viele Pferdebetriebe im Winter aus Angst vor gefrierenden Tränkeleitungen an kalten Tagen die Fenster und Boxentüren. Diese Praxis ist vor dem Hintergrund des Lichtbedürfnisses von Pferden aber auch unter Gesichtspunkten des Stallklimas als tierschutzrelevant zu bewerten, wenn die Pferde nicht täglich mehrere Stunden freien Auslauf bekommen.

So wohnen Pferde
Haltungssysteme

Anbindehaltung

Die dauerhafte Anbindehaltung von Pferden gilt in Deutschland als tierschutzwidrig. Das Verbot wird auf Länderebene per Erlass geregelt. Als letztes Land verbietet Bayern dennoch erst ab dem 1. Januar 2014 die Ständerhaltung. In Österreich ist die Anbindehaltung bereits seit dem 31. Dezember 2009 grundsätzlich verboten. In der Schweiz dürfen seit dem 1. September 2008 keine Stallplätze für Anbindehaltung mehr eingerichtet werden.

Die Verbote für die Anbindehaltung beziehen sich nicht auf das vorübergehende! Anbinden zur Futteraufnahme, der Pflege, dem Transport und die Gewöhnung von jungen Pferden an den Strick. Für Übernachtungen auf Wanderritten ist das Anbinden über Nacht zwar verschiedentlich erlaubt, aber erfahrene Wanderreiter verzichten ebenso wie Turnierreiter gerne auf angelaufene Beine durch Stillstehen nach Ausdauerleistungen.

> **Internet-Suche Haltungsformen**
> Anbindehaltung, Ständerhaltung, Innenbox, Außenbox, Außenbox mit Kleinauslauf, Paddockbox, Mehrraum-Außenbox mit Kleinauslauf

Box und Paddockbox

Außer bei medizinischen Notfällen, die ein Stillstehen erforderlich machen, gibt es im Prinzip keinen Grund, ein Pferd in einer Box zu halten. Mit dieser Aussage könnte man das Kapitel „Box und Paddockbox" bereits abschließen, doch so einfach ist es dann doch nicht. Schließlich lebt der größte Teil unserer gerittenen oder gefahrenen Pferde noch immer in solchen Haltungssystemen, die ja zugegeben nicht nur Nachteile, sondern auch einige Vorteile haben, wenn auch fast ausschließlich für das zweibeinige Personal. Vorteile für das Pferd ergeben sich aus der individuellen, leistungsgerechten Fütterung sowie der fehlenden Futterkonkurrenz durch Artgenossen. Außerdem bleibt der Individualraum des Pferdes unangetastet, sofern sich das persönliche Bedürfnis auf den Raum innerhalb der Box beschränkt. Zugleich wissen wir aber, dass den Tieren neben der Pflege der Individualdistanz, der Sicht,- Hör-, Geruch- und Körperkontakt zu befreundeten Artgenossen noch wichtiger ist. Nachteilig ist dagegen die völlig unzureichende freie Vorwärtsbewegung in gedehnter Haltung über rund 14 Stunden täglich, ebenso die fehlenden Sozialkontakte und die selbstbestimmte Möglichkeit, sich den Nachbarn auszusuchen, den man auch mag. Entsprechend wichtig ist die Belegung der Boxen: Unverträgliche Tiere dürfen nicht nebeneinander stehen, da dies zu erheblichem Stress führt. Ebenso von Nachteil ist die höhere Anfälligkeit für Erkrankungen des Bewegungsapparates, der Atemwege, des Herz-Kreislauf-Systems und der Verdauung durch den akuten Bewegungsmangel.

Für den Menschen ergeben sich aus dieser Haltung gravierende Nachteile beim Umgang mit Boxenpferden: Die Tiere sind häufig unausgeglichen und nervös, haben einen schwer zu kontrollierenden Bewegungsdrang, der vor allem in der Kaltstartphase unter dem Sattel oder an der Longe zu Verletzungen führen kann. Die Pferde haben eine vergleichsweise lange Lösephase. Die Gefahr von Verletzungen, die durch noch nicht aufgewärmte und gelöste Muskulatur oder durch Erschöpfung mangels gleichmäßigem und verhaltensgerechtem Ausdauertraining entstehen, ist größer als bei Tieren aus dem Bewegungsstall.

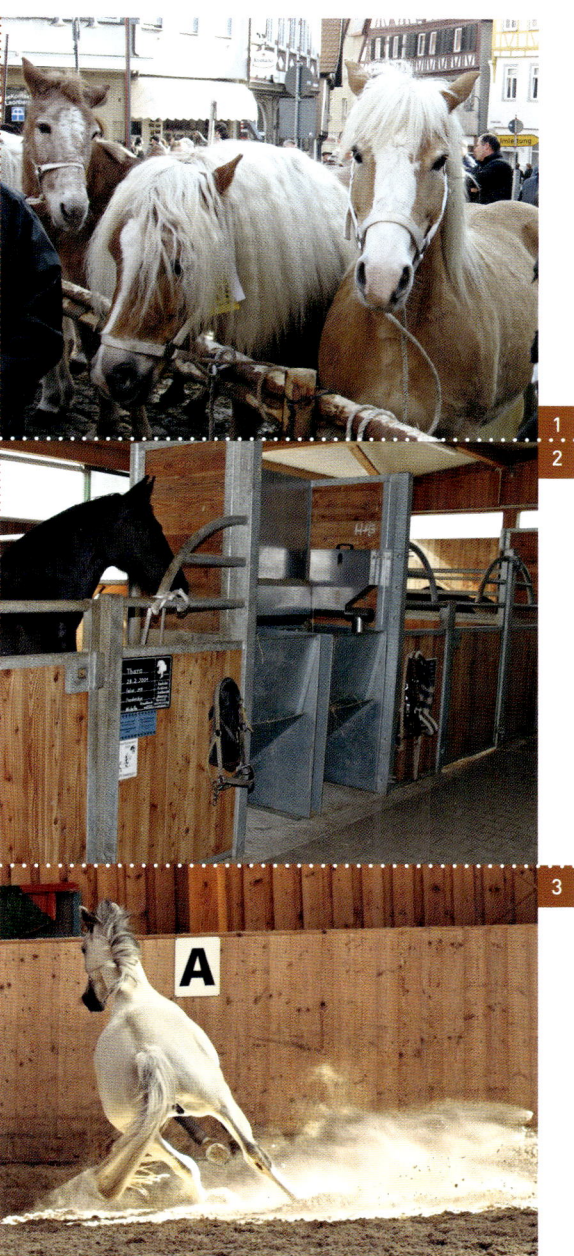

1 Das kurzfristige Anbinden auf Veranstaltungen ist erlaubt.
2 Diese Boxen haben nicht den Charme eines Hochsicherheitsgefängnisses. Sie sind ausreichend groß dimensioniert und lassen sowohl auf dem Paddock als auch im Stall Kontakte zum netten Nachbarn von nebenan zu.
3 Verletzungsträchtige Kaltstartphasen beim Freilaufen als alternative Bewegungsmöglichkeit.

Die Einrichtung von Boxenställen ist sehr kostenaufwändig, da jeder einzelne Stallplatz mit einer eigenen Futterraufe und einer frostfreien Tränke ausgestattet werden muss. Sollen die Grundbedürfnisse des Pferdes trotz Boxenunterbringung ausreichend befriedigt werden, ist dies nur mit einem erheblichen Zeit- und Versorgungsaufwand zu bewerkstelligen, da vor allem die Bewegung mehrmals täglich durch Arbeit unter dem Sattel, an der Longe oder Bewegungseinrichtungen wie Führmaschinen und Laufband zusätzlich zur freien selbstbestimmten Bewegung auf Ausläufen ergänzt werden muss. Pferden in der Box muss wenigstens eine Beschäftigung durch die Beobachtung des Haltungsumfeldes, also das Hofgeschehen oder der Blick auf die Trainingsstätten und Ausläufe, möglich sein.

Vorteile für den Menschen ergeben sich in diesem Haltungssystem aus der einfacheren Futterzuteilung und der leichteren Einzeltierkontrolle hinsichtlich Fress- und Ruheverhalten. Die Unterhaltung und tägliche Pflege solcher Ställe ist auch mit angelerntem Personal ohne fundierte Pferdekenntnisse machbar. Kenntnisse zum Pferdeverhalten, Fragen der Haltung, Fütterung und Erziehung der Tiere sind von untergeordneter Bedeutung. Nicht selten trifft man in solchen Haltungen Pferde an, denen es an Basiserziehung und Grundgehorsam fehlt, bei denen einzig die Leistung unter dem Sattel das Maß ist. Dagegen zählen solche Attribute in einem Bewegungsstall zum unbedingten Muss, wenn Sie Ihr Pferd sicher aus der Herde holen möchten. Entsprechend untermauert dies den Vorteil der leichten Verfügbarkeit des Einzeltieres durch den Besitzer. Dieser muss sich nur mit einem einzelnen Tier befassen während die richtige Deutung des Pferdeverhaltens und die Akzeptanz der Rangordnung innerhalb der Herde in der Gruppenhaltung im Bewegungsstall eine sicherheitsrelevante Bedeutung für Betreuer und Besitzer hat. In der Box ist das Pferd weitgehend sicher vor Verletzungen durch Artgenossen, wobei es grundsätzlich nicht im Naturell von Pferden liegt, Artgenossen zu verletzen oder ihnen gar nach dem Leben zu trachten.

Boxenwände dürfen lediglich bis zur Brusthöhe ganz geschlossen sein und müssen über Lüftungsschlitze verfügen, die eine Frischluftversorgung im Liegebereich des Pferdes gewährleisten. (So ist das ausgeatmete Kohlendioxid beispielsweise schwerer als Sauerstoff.) Eine einfache brusthohe Trennwand sollte 0,8 x Wh betragen, eine Trennwand mit Aufsatzgitter über 1,3 x Wh hoch sein. Im tieferen Schlagbereich einer Boxenab-

Mindestmaß für Einzelboxen*

Die Boxengrundfläche* muss mindestens der doppelten Widerristhöhe (Wh) im Quadrat entsprechen:
$(Wh \times 2)^2$

Für Stuten mit Fohlen* mindestens:
$(Wh \times 2{,}3)^2$

* die gleichen Maße gelten für zusätzliche Kleinausläufe

Länge der schmalen Seite der Box mindestens 1,75 x Wh
Die Deckenhöhe muss der zweifachen Widerristhöhe entsprechen.

Beispiel:
Kleinpferd (150 cm STM) = 9 m²,
Großpferd (170 cm STM) = 11,6 m²

*in Österreich und in der Schweiz gelten abweichende Maße, entsprechend in der 1. Tierhaltungsverordnung (Österreich) und der Verordnung des Bundesamtes für Veterinärwesen (BVET) über die Haltung von Nutztieren und Haustieren (Schweiz)

trennung muss die lichte Weite unter 5 cm oder über 20 cm liegen. Die Hufe dürfen keinesfalls einklemmen. Senkrechte Trennstäbe müssen zwischen 0,5–1 Zoll Dicke, waagerechte Stäbe zwischen 1,5–2 Zoll aufweisen. Das Material darf unter Last nur schwer verformbar sein. Vertikal angebrachte Gitter sind weniger wirkungsvoll gegen Schlagverletzungen durch den Boxennachbarn, bergen aber ein geringeres Risiko der Selbstverletzung als horizontale Gitter. Entsprechend sollten Boxen aus Panelgitter durch eine durchtrittfeste Holzverschalung beispielsweise mit Siebdruckplatten im Schlagbereich ergänzt werden, wo sie dem Daueraufenthalt von Pferden oder als Eingliederungsbox dienen. Im Kopfbereich muss die lichte Weite weniger als 17 cm oder mehr als 35 cm betragen. Der Abstand der Boxenabtrennung vom Boden darf höchstens 5 cm, bei der Belegung mit Fohlen lediglich 2 cm betragen. Türen zur Stallgasse und Durchgänge auf einen Paddock müssen wenigstens die 1,4fache Wh hoch sein. Hälftig zu öffnende

1 Die Paddockbox wird bis auf die Bewegung schon vielen Bedürfnissen gerecht.
2 Jedem Pferd steht der Versuch zu, es mit Geduld in einer Gruppenhaltung zu integrieren.

Boxentüren sollten im unteren Türbereich 0,8 x Wh hoch sein. Die Stallgassenbreite muss bei geschlossenen Boxentüren mindestens 2,0 m bei Kleinpferden und 2,5 m bei Großpferden betragen. Für Stallgassen mit hälftig zu öffnenden Boxentüren betragen die Maße 2,5 m und 3,0 m.

Futterraufen und Tröge in Einzelboxen sollten von der Stallgasse aus bedient werden. So ist eine zügige Fütterung möglich, ohne zu jeder Mahlzeit große Unruhe und Futterneid unter den Pferden auszulösen. Raufutter sollte grundsätzlich in bodennahen Sparraufen angeboten werden, um die Verschmutzung des Futters durch Mist und Urin zu verhindern und lange Fresszeiten zu

Das Schweizer Auslaufjournal

In der Schweiz muss für alle Pferde, die keinen dauernden Zugang zu einer Auslauffläche haben, vom Stallbetreiber ein Auslaufjournal geführt werden. Als Auslauf gilt die freie Bewegung im Freien, bei der das Pferd ungehindert durch Fesseln, Zügel, Leinen, Geschirr, Stricke, Ketten oder Ähnliches die Gangart, die Richtung und die Geschwindigkeit selbst bestimmen kann. Also kein Longieren, Spazierengehen, Laufband oder Führmaschine.

Der Auslauf muss mindestens an zwei Stunden des Tages möglich sein. Pferde, die täglich geritten werden oder ein oben genanntes Ersatzbewegungsprogramm absolvieren, muss an mindestens zwei Tagen pro Woche Auslauf ermöglicht werden. Zuchtstuten mit Fohlen, Jungpferde, Rentnerpferde und alle anderen, die nicht täglich bewegt werden, müssen diesen Auslauf täglich bekommen. Jungpferde in der Gruppe. Der Auslauf muss spätestens nach dem dritten Tag im Journal festgehalten werden.

ermöglichen. Tröge sollten mit der Trogsohle für Großpferde nicht höher als 55 bis 60 cm liegen.

Die Paddockbox ist eine etwas luxuriösere Variante der Box. Im Verwaltungsdeutsch heißt sie „Außenbox mit Kleinauslauf" und selten ist dieser Auslauf größer als die Box selbst. Der Begriff Auslauf ist demnach irreführend, da er letztlich nur zum Herumstehen an der frischen Luft dient ohne tatsächlich Bewegung zu ermöglichen. Trotzdem bieten Paddockboxen damit wenigstens der Forderung nach freiem Zugang an die frische Luft, ausreichend Licht und Klimareizen eine befriedigende Antwort, sofern sie auch bei Wind und Wetter frei zugänglich sind. Um Zugluft im Stall zu vermeiden, können die Ausgänge zu den Paddocks mit Streifenvorhängen, die reichlich überlappen, verschlossen werden und den Pferden auch bei „schlechtem Wetter" (es gibt kein schlechtes Wetter, nur fehlendes Fell, lieber Mensch!) frei zugänglich bleiben. Was auf den ersten Blick als Vorteil gegenüber einer konventionellen Box erscheint, nämlich das meist doppelt so große Platzangebot, kann sich bei manchen Pferden als problematisch erweisen. Sehr agile Pferde nutzen dieses vergrößerte Raumangebot und bewegen sich viel zwischen Box und Paddock hin und her. Dabei müssen sie aufgrund der meist schmalen Paddocks enge Drehbewegungen vollziehen, die den Bewegungsapparat besonders stark beanspruchen. Schlussendlich wird auch die Paddockbox dem Bedürfnis nach freier Bewegung nicht gerecht und der Anspruch an ein ausgleichendes Bewegungsprogramm ist genauso hoch wie bei der Boxenhaltung.

Gruppenhaltung

Die Gruppenauslaufhaltung deckt deutlich mehr Bedürfnisse des Pferdes als die Unterbringung in einer Box oder Paddockbox. Doch auch bei dieser Haltungsform ergeben sich für Pferde und Menschen Vor- und Nachteile, die sorgfältig abgewogen werden müssen. Bei der Planung oder der Entscheidung, ob ein Pferd in eine solche Haltungsform integriert werden soll, muss schlussendlich immer der Nutzen für das Tier im Vordergrund stehen.

Internet-Suchtipps zur Gruppenhaltung

Einraum-Innenlaufstall, Mehrraum-Innenlaufstall, Einraum-Außenlaufstall, Mehrraum-Außenlaufstall, Einraum-Außenlaufstall mit Auslauf, Mehrraum-Außenlaufstall mit Auslauf, Offenlaufstall, Bewegungsstall, Aktivstall, Paddock Paradiese®, Paddock Track

Im Gruppenlaufstall hat ein Pferd mehr oder weniger Futterkonkurrenz durch Artgenossen – abhängig von der Bemessung der Fressplatzzahl, der Anordnung der Futterstellen, der Anzahl der Mahlzeiten und der angebotenen Futtermenge. Der beanspruchte Individualraum des Pferdes ist in dieser Haltung nicht mehr durch Boxenwände geschützt. Vielmehr muss das Pferd den Anspruch auf diesen Raum durch artgerechtes Sozialverhalten und eine sichere tierartspezifische Kommunikation durchsetzen. Als ausgesprochenes Herdentier verfügen aber fast alle Pferde über die Anlage zu einem ausgeprägten Sozialverhalten, das während einer pferdegerechten Aufzuchtphase am besten in großen altersgemischten Gruppen mit gleichaltrigen Spielkameraden trainiert wird.

Gruppenlaufställe haben auf den ersten Blick einen gegenüber Boxenhaltungen höheren Platzbedarf. Dieser Nachteil relativiert sich jedoch, wenn man davon ausgeht, dass Betriebe mit Boxenhaltung zur Befriedigung des Bewegungsbedürfnisses ganzjährig nutzbare Außenplätze, eine Reithalle und Bewegungsanlagen wie Führmaschinen oder Laufbänder, die sowohl kostspielig als auch vom Zeit- und Arbeitskräftebedarf aufwändig sind, bereitstellen müssen.

Haben solche Betriebe den Anspruch, die Anforderungen einer verhaltensgerechten Haltung zu erfüllen, müssen sie zusätzlich großzügige Allwetterausläufe für die ganzjährig freie Bewegung in der Gruppe oder für Einzeltiere anbieten. Die individuelle Fütterung von Pferden ist in der Gruppenhaltung schwieriger, insbesondere dann, wenn einzelne Pferde aufgrund der von ihnen geforderten Leistung einen höheren Bedarf an Kraftfutter haben, der durch zusätzliche Mahlzeiten gedeckt werden muss.

Für solche Pferde bieten Gruppenlaufställe mit transpondergestützten Kraftfutterstationen die Chance, in vielen kleinen Portionen über den Tag verteilt die zugewiesene Futtermenge aufzunehmen, während das Versorgungspersonal die Futteraufnahme bequem per Computer kontrollieren kann. Das Maß der Tierhalterqualifikation wird diesem Haltungssystem als Nachteil zugewiesen. Dabei sind allenfalls fundierte Kenntnisse über das Pferdeverhalten in der Gruppe, also im natürlichen Sozialverband, notwendig. Über solche Kenntnisse sollte jedoch jeder verfügen, der sich mit Pferden beschäftigt oder sie versorgt, denn sie entsprechen dem Wesen des Pferdes und gehören zu den Basics einer Reit- oder Berufsausbildung im Pferdebereich.

Wie viel Sachkenntnis muss sein?

Es erstaunt immer wieder, wie gering die Ansprüche von Pferdebesitzern an ihre eigene und die Sachkunde der ihre Pferde betreuenden Menschen sind. Während der Fütterung, der Entmistung, der Gesundheitsprophylaxe, der Unterhaltung und dem Ambiente der Reitanlage sowie dem Training großes Gewicht beigemessen werden, steht der sichere und pferdegerechte Umgang, die tiergerechte Kommunikation, die Einschätzung von Pferdeverhalten und Rangordnung in einer Herde, aber vor allem Pferdeerziehung zur Unfallprophylaxe bei vielen Menschen, die mit Pferden regelmäßig umgehen, weit hintenan. Diese Themen umgehen viele Menschen, in dem ihre Tiere in Haltungssystemen untergebracht sind, in denen der Zugriff einfach und die Investition in die gründliche Ausbildung des Pferdes am Boden unerheblich erscheint.

Hier ist das Ausbildungswesen im Reitsport gefordert: Wo Reitschüler bestenfalls noch ihr Pferd aus einer Box holen, putzen, satteln und mit Sicherheitsabständen im Unterricht hintereinanderherreiten oder lediglich noch das fertige Pferd nach dem Ende der vorangegangenen Unterrichtseinheit übernehmen, wird Horsemanship zur inhaltsleeren Luftblase. Das Pferd wird zum Sportgerät degradiert und nicht als Partner angesehen. Der Reitausbildung sollte eigentlich eine gründliche Vermittlung von Wissen über das Wesen des Pferdes, sein Verhalten und seine Bedürfnisse vorausgehen, wenigstens aber regelmäßig durch eine fundierte Ausbildung der Reiter im Umgang mit Pferden am Boden erfolgen. Regelmäßige Bodenarbeit und die Vermittlung eines partnerschaftlichen und von gegenseitigem Respekt geprägten Umgangs vom Boden aus, die Beobachtung und richtige Deutung von Pferdeverhalten in der Gruppe und das sichere Führen auf dem Betrieb, im Gelände und im Straßenverkehr dürfen nicht die Luxusversion einer Reitausbildung, sondern müssen die Mindestanforderung sein.

Ebenso sollte jedes Pferd das kleine 1x1 des guten Benehmens beherrschen, bevor es das erste Mal einen Sattel trägt. Nur so ist ein sicherer Umgang mit Pferden gewährleistet und die verhaltensgerechte Haltung scheitert beim späteren Pferdebesitzer nicht an einem Mangel an der eigenen Sachkenntnis und an der fehlenden Erziehung des Pferdes.

„Wissen gepaart mit Erfahrung und der Bereitschaft zu lernen, ermöglichen erst einen partnerschaftlichen Umgang mit dem Pferd und verbessert die reiterlichen Fähigkeiten."

Michael Geitner

Die Vorteile der Gruppenauslaufhaltung sind unübersehbar: Die Pferde können sich auch auf der vom Gesetzgeber vorgeschriebenen oder empfohlenen Mindestfläche frei, ungezwungen und artgerecht bewegen. Das Pferd pflegt Sozialkontakte mit Artgenossen, mit denen es freundschaftlich verbunden ist. Der sozialen Fellpflege oder dem freien Spiel können Pferde nach Lust und Laune nachgehen. Im direkten Kontakt mit anderen Pferden fühlen die Tiere sich sicher und geborgen. Dieses beruhigende Gefühl der entspannten Sicherheit überwiegt bei den meisten Pferden. Lediglich in Haltungen mit einem sehr geringen Platzangebot (den gesetzlichen Mindestanforderungen entsprechend) können einzelnen Tiere so gestresst sein, dass eine individuellere Haltungsform angemessen sein könnte.

Vor allem Gruppenhaltungen mit ständigem Zugang zu einem Auslauf bieten je nach Lage eine Vielzahl von Umweltreizen durch Betriebsabläufe und das Kommen und Gehen der Pfer-

Pferde fühlen sich sichtlich wohl, wenn sie regelmäßiges Komfortverhalten pflegen und sich zum Ruhen ablegen.

debesitzer. Offenen Haltungsformen werden der Forderung nach Klimareizen gerecht. Die Tiere suchen erfahrungsgemäß nur dann den Stall auf, wenn ausschließlich dort attraktive Flächen zum Liegen und Harnen angeboten werden oder im Sommer Stechmücken im Freien plagen. Pferde in offenen Gruppenhaltungen sind ausgeglichener und gesünder, sofern auch die Fütterung und das Training auf ihre Leistung abgestimmt sind. Pferde in Gruppenauslaufhaltungen müssen im Prinzip nicht täglich geritten, longiert oder in alternativen Bewegungseinrichtungen bewegt werden. Allerdings gilt dies nicht für vergleichsweise dicht belegte Bewegungsställe, die Pferden keine Möglichkeit bieten, sich zwischendurch auch in schnelleren Gangarten fortzubewegen.

Planung und Gestaltung von Gruppenauslaufställen

Gruppen(aus)laufställe gliedern sich in verschiedene Funktionsbereiche für Bewegung, Futteraufnahme und Ruhen. Vor allem der Ruhebereich muss konsequent von anderen Funktionen frei gehalten werden, damit Pferde dort auch wirklich Ruhe und Erholung finden. Der Ruhebereich ist auch die Mindestfläche für einen überdachten Witterungsschutz.

Merkgrößen Gruppenauslaufställe*

Gruppenlaufstall ohne ständigen Zugang zum Auslauf*

Das Mindestmaß der eingestreuten Liegefläche beträgt mindestens (2 x Wh)²/Pferd.

Beispiel:
Kleinpferd (150 cm STM) = 9 m²
Großpferd (170 cm STM) = 11,6 m²

Gruppenlaufstall mit ständigem Zugang zum Auslauf und integrierten Fressständern*

Das Mindestmaß der eingestreuten Liegefläche beträgt mindestens 3 x Wh²/Pferd.

Beispiel:
Kleinpferd (150 cm STM) = 6,8 m²
Großpferd (170 cm STM) = 8,7 m²

Gruppenlaufstall mit ständigem Zugang zum Auslauf und getrenntem Fressbereich*

Das Mindestmaß der eingestreuten Liegefläche beträgt mindestens 2,5 x Wh²/Pferd.

Beispiel:
Kleinpferd (150 cm STM) = 5,6 m²
Großpferd (170 cm STM) = 7,2 m²

* Abweichende Maße für Österreich und die Schweiz: 1. Tierhaltungsverordnung (Österreich) und Verordnung des Bundesamtes für Veterinärwesen (BVET) über die Haltung von Nutztieren und Haustieren (Schweiz)

In allen Bereichen müssen Sackgassen und spitze Winkel vermieden werden. Durchgänge müssen so konzipiert sein, dass zwei Pferde bequem aneinander vorbei können oder diese idealerweise nur im Einbahnstraßensystem passierbar sind. Der Ruhebereich muss über mindestens zwei Türöffnungen verfügen oder eine so breite Öffnung haben, dass Pferde problemlos aneinander vorbei können und kein ranghohes Tier den Durchgang blockieren kann. Die Durchgänge sollten möglichst nicht in der Hauptwetterrichtung liegen. Bei ungünstiger Lage sollten ein angeschlepptes Vordach und Streifenvorhänge den Ruheraum vor Regen und Wind schützen. Im Liegebereich können so genannte Fluchtbalken oder einfach nur Strohballen als Raumteiler rangniederen Tieren beim Ausweichen vor ranghöheren Schutz bieten. Pferde finden in solch strukturierten Liegebereichen signifikant häufiger und länger – am liebsten in den frühen Morgenstunden – den erholsamen Tiefschlaf in Seitenlage.

Checkliste Gruppenauslaufstall

- Der Gruppenauslaufstall ist in die Funktionsbereiche Ruhen, Futteraufnahme und Bewegung gegliedert.
- Der Ruhebereich ist gleichzeitig Witterungsschutz und streng getrennt von allen anderen Funktionsbereichen.
- Der Ruhebereich ist mit einer geeigneten, weichen und verformbaren Unterlage eingestreut. Gummimatten alleine erfüllen diese Funktion nicht!
- In allen für die Pferde zugänglichen Bereichen müssen spitze Winkel und Sackgassen vermieden werden.
- Für jedes Pferd muss die ungestörte Futteraufnahme entweder in einem Fressstand oder an einem großzügig kalkulierten Fressplatz an einer Futterraufe möglich sein.
- Tränken, Salzlecksteine und Fellpflegestationen sollten jederzeit zugänglich sowie untereinander und so weit wie möglich vom Fress- und Ruhebereich entfernt liegen, um Laufanreize zu bieten.
- Der Laufbereich ist mit zu umgehenden, festen Hindernissen strukturiert und mit unterschiedlichen Bodenbelägen ausgestattet, wobei die am höchsten frequentierten Flächen befestigt sein sollten.
- Stromführende Einzäunungen sind nur in großflächigen Ausläufen vertretbar.

Bewegung hält gesund

Als Fernwanderer sind Pferde immer in Bewegung. Solange das Futterangebot in den Weidegründen ausreichend ist, ziehen sie tagsüber zwischen Schlafplätzen, Fressplätzen und Wasserstellen umher. Dabei legen sie beachtliche Strecken vorwiegend im Schritt zurück. Wird das Futter knapper, führt die Leitstute die Gruppe zu neuen Weidegründen. Während Rinder sich schnelleren und wendigeren Fressfeinden durch die gemeinsame

Ein flotter Galopp nach Belieben hält die Atemwege und den Kreislauf in Schwung.

Verteidigung mittels ihrer beeindruckenden Körpermasse und dem gefährlich gehörnten Schädel erfolgreich erwehren und somit auch in Waldlandschaften überleben können, haben Pferde die schnelle Flucht zu ihrer Überlebensstrategie entwickelt. Ständige Bewegung trainiert den auf Ausdauerleistung und Flucht ausgelegten Pferdekörper. Gleichzeitig hält sie den Körper durch vorgewärmte Muskulatur, geschmierte Gelenke, Sehnen und Bänder in Arbeitsbereitschaft und durch einen leistungsbereiten Kreislauf in Fluchtbereitschaft. Haben Sie sich mal Gedanken darüber

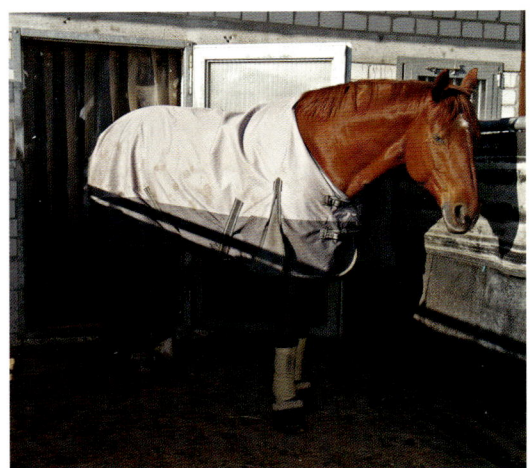

Der anmutige Bewegungskünstler aus dem Dressurviereck lebt dick bandagiert in der Gummizelle, ...

gemacht, weshalb Wildpferde, aber auch auf weitläufigen Koppeln gehaltene Pferde auf oft unebenem Boden schadlos im rasenden Galopp durchstarten können, während bei einem in der Box gehaltenen Pferd ein erschrockener Hüpfer im weichen Reitplatzboden in der Lösephase schon zu Zerrungen oder Verstauchungen der Gelenke führt? Wer rastet, der rostet, ist die erschreckend einfache Antwort darauf. Selbst wenn Sie Ihrem Pferd zwei Stunden am Tag Bewegung durch Reiten, Laufband oder Führmaschine verschaffen, steht es 92 Prozent des Tages still oder lebt seinen Bewegungsdrang in bedrückender Enge durch Gelenk verschleißende Rotationsbewegungen in der Box oder dem Minipaddock aus. Stellen Sie sich hierzu einen Dackel oder Jack Russel Terrier vor: Bewegungs- und kontaktfreudige Hunde, die entsprechend ihrer Größe in einer Box, groß wie zwei Apfelsinenkisten leben müssen.

Pferde haben harte Hufe, die sich über Jahrmillionen den harten Böden des Lebensraums in Steppen- und Gebirgslandschaften angepasst haben. Durch Bewegung auf harten Böden pumpt der Hufmechanismus mithilfe beweglicher Hufwände laufend Blut zurück zum Herzen und unterstützt dieses. Ein stabiler Kreislauf versorgt die Muskulatur mit Sauerstoff. Fehlt diese Bewegung, kommt es zu schlechtem Hufwachstum, einem eingeschränkten Hufmechanismus und der Schwächung von Muskeln, Sehnen, Bändern und Knorpeln. Zu Erkrankungen des Bewegungsapparates kommen möglicherweise Verdauungsstörungen durch einen mangelhaft durchbluteten Darm, Herz-Kreislauf-Störungen und Stoffwechselprobleme. Auch bei Pferden können wir diese Störungen getrost als Zivilisationskrankheiten bezeichnen. Pferde bewegen sich in freier Wildbahn bis zu 20 Stunden am Tag überwiegend fressend fort und legen dabei durchschnittlich 15 Kilometer zurück, je nach Futterangebot sogar mehr, manchmal auch weniger.

Lauf Pferd, lauf! ist das Motto moderner Bewegungsställe, die verschiedene Stallbaufirmen sogar im Komplettpaket anbieten. Sie sind die Weiterentwicklung von Gruppenauslaufställen und so konzipiert, dass Pferde hohe Laufanreize haben. Moderne technische Anlagen wie Kraft- und Raufutterautomaten oder Selektionstore, die dem einzelnen Tier Zugang zu Weiden, weiteren befestigten Ausläufen oder Rundwegen im Einbahnstraßensystem verschaffen, sorgen dafür, dass die Tiere gleichmäßig in Bewegung bleiben.

Ausreichend großzügig dimensioniert bieten solche Laufställe zu jeder Jahreszeit und Witterung freien Zugang ins Freie und decken praktisch alle Bedürfnisse, die ein Pferd hat. Der optimale Bewegungsstall ist großräumig und bietet weit auseinanderliegende Funktionsbereiche für Fressen, Trinken, Schlafen sowie Körperpflege auf Wälzzonen und an Bürsten. Unterstände und Stallflächen sind jederzeit auch von rangniederen Tieren ungehindert zugänglich. Sackgassen, in denen vor allem rangniedere Herdenmitglieder von Artgenossen festgesetzt werden könnten, müssen bei der Planung vermieden werden. Ob Futterraufe oder Fressstände, es müssen in jedem Fall mehr Fressplätze als Stallbewohner vorhanden sein, damit auch rangniedere Tiere, die gerne verdrängt werden, einen ruhigen Platz finden. Ihnen gilt aufgrund ihrer besonderen Situation durch den niederen Rang oder geringes Durchsetzungsvermögen besonderes Augenmerk. Dieser Typ Pferd wird sich jedoch bis auf wenige Ausnahmen selbst mit seiner Schlussstellung in einer Herde immer wohler fühlen als in Einzelhaltung. Alternativ können solche in einer Herde integrierten Pferde, wo es notwendig erscheint, über Nacht in einer Box untergebracht werden.

... während die Noriker zeigen, welche Trittsicherheit wirklich trainierten Pferde zuzutrauen ist.

Paradiesisch: Paddock Paradise®

Der amerikanische Hufschmied Jamie Jackson hat über mehrere Jahre Wildpferde in Nevada beobachtet und ist ihren Wanderungen gefolgt. Die Vitalität der Pferde und ihre gute Hufqualität haben einen besonderen Eindruck bei ihm hinterlassen. Aus seinen Beobachtungen hat Jackson ein Offenstallkonzept entwickelt, das zwar noch in den Kinderschuhen steckt, aber nach verhaltensgerechten Haltungsaspekten sehr Erfolg versprechend ist.

Die ersten Ställe entstanden 2006 und seither wurde das Konzept ständig verbessert und weiterentwickelt. Viele Nachahmer und Anbieter bewerben ihre Stallplätze unter dem Begriff „Bewegungsstall nach dem Paddock Paradies Konzept" oder noch passender „Paddock Trail".

> **Gut zu wissen**
>
> Den Begriff „Paddock Paradise" hat sich eine niederländische Firma als eingetragenen Markennamen schützen lassen. Bewegungsställe, die diesen Markennamen führen wollen, müssen bei der Firma jährlich Zertifikate erwerben und ihren Stall nach deren Vorgaben gestalten.

Das Kernstück des Haltungssystems ist ein so genannter Track. Dieser Weg führt als Streifen von drei bis fünf Metern Breite um die an den Stall oder Auslauf angrenzende verfügbare Weidefläche. Auf diese Weise kann selbst auf relativ kleinen Flächen ein ansprechender Rundlauf entstehen, der von Pferden rege genutzt wird. Bereits auf einer Fläche von 5000 m² entsteht ein Rundlauf von etwa 280 Metern Länge, auf dem die Pferde auch einmal beherzt drauf los galoppieren können. Auf der Innenseite dieses Tracks werden spitze oder rechtwinklige Kanten flach abgesteckt, so dass Pferde auch im flotten Galopp nebeneinander problemlos um die Kurve kommen. Die verschiedenen Funktionsbereiche werden auf dem gesamten Track verteilt. So können am Track Unterstände und Wälzplätze errichtet werden, die sich vor allem an solchen Stellen befinden, wo die Pferde eine gute Übersicht über das Gelände haben. Wo es

Aus vier Hektar Weideland am Stall wird ein 1,5 km langer Paddock Trail.

technisch umsetzbar ist, kann eine stallferne Tränke installiert werden, ebenso verschiedene Rauhfutterstationen mit Heu. Diese sollten so weit wie möglich voneinander entfernt liegen und bei Ad libitum-Fütterung Slowfeeder wie Sparraufen oder Heunetze dafür sorgen, dass stets ausreichend, aber nicht zu viel Futter aufgenommen wird. Wo es finanziell und organisatorisch möglich ist, kann mit transponder- oder zeitgesteuerten Raufutterstationen noch pferdegerechter in kleinen Portionen gefüttert werden. Die manuelle Futtervorlage von Raufutter mehrmals täglich beispielsweise in Netzen ist je nach Herdengröße eine zeitaufwändigere aber praktikable Lösung. Die ständige Suche nach Futter bleibt der wichtigste Bewegungsanreiz für Pferde. Je nach natürlicher Bodenbeschaffenheit, dem Bodenwasserhaushalt, der Besatzdichte und der Gesamtfläche des Tracks wird sich die Vegetation weitgehend zurückziehen. Während der Track auf trockenen Standorten mit gutem Wasserabzug oder Sandböden meist ganzjährig begehbar ist, kann es bei wasserhaltigen Böden notwendig sein, den Track durch Paddockmatten, Schotter oder andere Maßnahmen zu befestigen und allwettertauglich zu gestalten. Ratsam ist die Befestigung durch Paddockmatten

Auch eine kleine Fläche wird durch einen Paddock Trail zum endlosen Wandergebiet.

oder Pflaster an stark frequentierten Stellen wie Tränken, Futterplätzen und Unterständen. Zur Förderung der Hufgesundheit und der Hufqualität ist es sinnvoll, auf Abschnitten des Rundlaufs Bodenuntergründe aus dem Reitgelände zu verbauen, um besonders Barhufgänger darauf zu konditionieren. Baumstämme, Steine, Wasserdurchläufe trainieren die Trittsicherheit und sorgen für Abwechslung auf den Wanderrouten. Je nach Gelände können im Inneren des Tracks Portionsweiden liegen, die die Pferde stundenweise aufsuchen. Über Selektionstore kann der Zugang vom Track oder Stall aus auf die Weide individuell gesteuert werden.

Anders als in üblichen Ausläufen, die tendenziell eher quadratisch gestaltet sind und Pferde mehr oder weniger „gepfercht" erscheinen, können sich die Tiere auf den Rundläufen in kleinen Gruppen bewegen oder großzügig ausweichen. Für rangniedere oder in Pferdegesellschaft eher unsicher agierende Tiere ist dieses Haltungssystem deshalb besonders gut geeignet. Ist der Track allwettertauglich angelegt, bietet er auch in Schlechtwetterperioden rund ums Jahr reichlich Bewegung. Knappe Weideflächen können geschont werden, ohne die Pferde einzuschränken. In jeder Form von Bewegungsstall oder weitläufigen Gruppenauslaufhaltung sind Pferde mit einem hohen Kraftfutterbedarf vergleichsweise schwierig zu händeln. Meist befinden sich die Tiere irgendwo auf dem weitläufigen Areal und müssten eingefangen werden. Hier helfen transpondergestützte Kraftfutterautomaten, die das Kraftfutter in kleinen Portionen bis zu zwölfmal am Tag bereitstellen.

Pferdegerechte Ausläufe

Pferde legen in der Natur täglich mehrere Kilometer für das Aufsuchen von Futter- und Tränkebereichen sowie Ruhezonen zurück. Der gesamte Pferdeorganismus ist auf diesen „Dauerbetrieb" ausgelegt und die Gesundheit davon abhängig. Das Pferd wird gymnastiziert, konditioniert und der Stoffwechsel angeregt. Ein ganzjährig nutzbarer Auslauf deckt am ehesten das Bewegungsbedürfnis von Pferden. Auslauf bedeutet, dass Pferde sich aus eigenem Antrieb und selbstbestimmt in einer eingezäunten Fläche bewegen können. Bei der Gestaltung von Ausläufen spielt die Größe, der natürliche Untergrund, die Belegungsdichte und die Nutzungshäufigkeit eine entscheidende Rolle. Pferde, die ständigen Zugang zum Auslauf haben, bewegen

Internet-Suchtipp zu Ausläufen
Tragschicht, Trennschicht, Tretschicht, Paddockhygiene, Drainagen, Schichtbauweise, Elastizität, Trittfestigkeit, Komfortverhalten, Hufabrieb, Zuschlagstoffe, Strukturelemente, Windbrechnetze

sich überwiegend im Schritt zwischen den Funktionszonen Fressen, Trinken und Ruhen umher. Lediglich kleinere Auseinandersetzungen oder Spiel veranlassen die Tiere zum Traben oder Galoppieren. Dagegen nutzen Pferde, die nur stundenweise auf den Auslauf können, die Fläche häufig zum Herumtoben und Galoppieren. Entsprechend hoch ist der Anspruch an die Größe des Auslaufs und Stabilität des Untergrunds.

Naturböden sind die günstigste und pferdefreundlichste Lösung, wenn Wasserabzug und Hygiene bei jeder Witterung gewährleistet sind.

Für frei zugängliche Ausläufe empfiehlt sich eine feste, leicht zu reinigende Tretschicht, während Ausläufe, die dem kurzfristigen Bewegungsdrang von galoppierenden Pferden standhalten sollen, besser mit einer elastischen Befestigung gestaltet werden. Bei der Auslaufgestaltung sind neben den Bedürfnissen der Pferde die Kosten, der Pflegebedarf und die Langlebigkeit des verarbeiteten Materials entscheidende Parameter. Die natürliche Bodenbeschaffenheit ist mitentscheidend ob ein Paddock in Ein-, Zwei- oder Dreischicht-Bauweise befestigt werden muss.

Auslaufgrößen

In Deutschland beträgt die geforderte Auslaufgröße bis zwei Pferde ⩾ 150 m² und danach für jedes weitere Pferd zusätzlich 40 m² (Leitlinien zur Beurteilung von Pferdehaltungen unter Tierschutzgesichtspunkten, Stand 9. Juni 2009). Verhaltensexperten raten zu einer Einstiegsgröße von wenigstens 300 m² für bis zu fünf Equiden und 30-40 m² für jedes weitere Tier. Rechteckige Ausläufe sind besser als quadratische zu beurteilen. Doch brauchen Pferde mehr Platz für Bewegungsanreize.

Erfahrungsgemäß sind diese Dimensionen zu klein, um Pferden ausreichend Bewegungsanreize zu bieten. Insofern heißt die Empfehlung an Planer, Stallbetreiber und Genehmigungsbehörden, Pferden über diese Vorgaben hinaus so viel Auslauf zu ermöglichen wie finanziell und arbeitswirtschaftlich möglich ist.

Ausläufe alltagstauglich gestalten

Vor der Anlage und Befestigung eines Auslaufes oder Laufhofes müssen baurechtliche Genehmigungen eingeholt werden. In manchen Gebieten kann möglicherweise eine wasserundurchlässige Tretschicht und eine geregelte Wasserabführung von den Behörden angeordnet werden. Andernorts werden Abwassergebühren für Regenwasser auf versiegelte Flächen erhoben, und eine wasserdurchlässige Trenn- und Tretschicht wirkt sich günstig auf die laufenden Betriebskosten aus. Auf tragfähigen Böden mit gutem Wasserabzug ist eine Befestigung des Auslaufs oftmals nur in den stark frequentierten Bereichen vor dem Unterstand, den Futterraufen oder Fressständern und um die Tränke notwendig. Auf diesen Böden mag bei starkem Niederschlag kurzfristig das Wasser stehen, ebenso schnell zieht es aber auch ab. Nachteil dieser Naturböden ist die Staubentwicklung im Sommer und die geringe Frostfestigkeit. Auch müssen diese Ausläufe regelmäßig mit der Wiesenschleppe oder einem vergleichbaren Eigenbau für kleinere Mähgeräte abgeschleppt werden. Pferde haben die Angewohnheit, auch auf offenen Flächen stärker frequentierte „Wechsel" anzulegen, beispielsweise entlang des Zauns, an den Ausgängen oder zwischen untereinander verbundenen Paddocks. Hier entstehen zunehmend Spurrinnen, die zum Vernässen neigen. Diesen „Sumpfzonen" wirkt man durch Auffüllungen entgegen. Randbegrenzungen und durch die Bewegung natürlich angeschüttete Randbereiche, auf denen Bewuchs unter dem Zaun geschützt wächst, müssen entfernt werden. Schräg nach außen führende Rinnen können das Wasser in einen Graben außerhalb des Auslaufs leiten.

Bei der Auslaufplanung steht heute bereits die Rekultivierbarkeit überbauter Flächen im Blickpunkt. Gesetzliche Bestimmungen hinsichtlich Umwelt- und Gewässerschutz lassen keinen Spielraum für unbegrenzte Kreativität bei der Materialwahl. Vor allem die Verwendung verschiedener

Es gibt keine Ausreden: Dieser Therapiestall ersetzt die fehlende Koppelfläche in Innenstadtlage durch einen pferdegerechten und personalfreundlich geplanten Bewegungsstall.

Unbefestigte Zonen und eine Pfütze zum ausgelassenen Planschen sind eine strukturelle Bereicherung auf einem großen Auslauf und positiv für die Hufgesundheit.

Recyclingmaterialien aus dem Straßenbau ist mit Vorsicht zu genießen. Spätestens wenn der Belag ausgewechselt werden soll, weil er sich doch als untauglich erweist oder das Gelände rekultiviert werden muss, steht der Stallbesitzer vor einer großen Menge Sondermüll, deren Entsorgung enorme Kosten verursacht.

Für die Planung von Ausläufen kann auf das Regelwerk der standardisierten Schichtbauweise für Reitplätze zurückgegriffen werden: Seit 2007 gelten die „Empfehlungen für Planung, Bau und Instandhaltung von Reitplätzen im Freien", die als technisches Regelwerk von der Forschungsgesellschaft Landschaftsentwicklung und Landschaftsbau e.V. (FLL) in Zusammenarbeit mit der Reiterlichen Vereinigung (FN) ausgearbeitet wurden. Diese Empfehlungen enthalten wertvolle technische Hinweise und Entscheidungshilfen zur Auswahl der richtigen Schichtbauweise, Entwässerungsvorrichtungen und Materialien, die für den Bau eines Auslaufes ebenso gelten wie für die Gestaltung von Reitplätzen. Für an Handwerker vergebene Leistungen sind sie ein verbindliches Regelwerk.

Abhängig von den örtlichen Voraussetzungen können Ausläufe kostengünstig mit Naturböden bis hin zum aufwändigen Dreischichtenaufbau gestaltet sein. Idealerweise haben Ausläufe verschiedene Böden, die sich, im Wechsel von den Pferden aufgesucht, positiv auf die Gliedmaßen und die Hufgesundheit auswirken. Von der Tragfähigkeit des Bodens, dem Grundwasserstand und dem natürlichen Abzug von Oberflächenwasser hängt die erforderliche Schichtbauweise ab. Dabei kann ein Auslauf für die bewegungsfreudigen Tiere eigentlich nie zu groß dimensioniert sein. Ausläufe sind (in Verbindung mit dem Stallbau) genehmigungspflichtig sofern sie nicht ausschließlich aus Naturboden bestehen und ohne weitere Eingriffe in die Geländetopografie eingepasst sind.

Schichtbauweisen für Ausläufe (und Reitplätze)		
Schichtaufbau	Anlage	Eigenschaften/ Eignung
Ein-Schicht-Bauweise	Auf dem gewachsenen Naturboden oder Bodenaufschüttungen (genehmigungspflichtig!) wird direkt eine Tretschicht aus Maurersand, Hackschnitzel oder einem Sand-Hackschnitzelgemisch aufgebracht.	für Untergründe mit gutem Wasserabzug geeignet geringe Besatzdichte
Zwei-Schicht-Bauweise	Zwischen dem Untergrund (gewachsener oder verdichteter Boden) und der Tretschicht liegt eine Trennschicht.	mittlere Besatzdichte
Drei-Schicht-Bauweise	Zwischen Untergrund und Trennschicht wird eine zusätzliche Tragschicht zur Stabilisierung eingebaut.	hohe Besatzdichte

Ausläufe sollten grundsätzlich auf den bestehenden Oberboden aufgebaut und nicht eingebaut werden. Letzteres ist wegen der Erdarbeiten teurer, und mit der Zeit verstopfen auch gute Trennschichten durch den Eintrag von Feinpartikeln, Laub, Gras, Futterreste und den Resten von Pferdekot. Mit einem aufgesetzten Auslauf gelingt es trotzdem, Wasser in die Randbereiche des Paddocks abfließen zu lassen. Auf Randabgrenzungen sollte auf solchen Flächen generell verzichtet werden, denn sie behindern den Wasserabzug zusätzlich. Mit der Zeit bilden sich in diesen Zonen entlang von Abtrennungen neben „Spurrinnen" kleine Wälle aus Tretschichtmaterial, die mitunter von Gräsern, (Un-)Kräutern oder wild aufgehenden Gehölzen besiedelt werden und einen Wasserabzug aus der Tretschicht in den Randbereich hinein behindern. Diese Pflanzen sollten Sie regelmäßig entfernen sowie das Trettschichtmaterial zurück in Laufspuren ziehen und verfestigen. Für einen guten Wasserabzug können Sie bei einem eben angelegten Auslauf mit einer sattel- oder pultdachförmigen Gestaltung des Auslaufs mit 0,5–2 % Gefälle sorgen. Besonders reizvoll sind Ausläufe, die eine anspruchsvolle Geländetopografie integrieren und strukturreich angelegt sind.

Für die Tragschicht empfiehlt sich ein gewachsener Boden auf der Grundlage von Sand oder lehmigem Sand mit einem guten natürlichen Wasserabzug. Die Tragschicht hat die

Aufgabe, Wasser aufzunehmen und abzuleiten, den Untergrund so zu stabilisieren, dass er den Belastungen durch Pferde gewachsen ist und das Befahren mit Pflegegeräten erlaubt, ohne den darunterliegenden Boden zu verdichten. Wo der Naturboden diese Anforderungen nicht erfüllt, kann der Untergrund mit einer Schicht aus Schotter, Kies oder Splitt ohne Feinanteile aufgefüllt werden. Die Drainageeigenschaften des Materials sind gegenüber Naturboden aufgrund der größeren Aggregatgröße deutlich besser. Ein so genanntes Reitplatzvlies sollte lediglich unterhalb der Tragschicht eingebaut werden. Es dient wie eine Gewebeflechtmatte der Stabilisierung und Druckverteilung auf nicht tragfähigen Böden. Sie verhindern, dass sich im Falle eines späteren Rückbaus grobes, steiniges Tragschichtmaterial mit dem natürlich gewachsenen Boden vermischt. 20–30 cm dicke Schichten aus Schotter, Kies oder Splitt verfügen über ausreichend Drainageleistung und Froststabiltät. Ungeeignet sind Bauschutt und Recyclingmaterial mit Bitumenanteilen, die bei einem späteren Rückbau als Sondermüll kostspielig entsorgt werden müssten.

Als Trennschicht eignen sich Systemplatten für Paddocks wie Paddockplatten, Bodengitterplatten oder Rasengittersteine aus Kunststoff. Gelochte Paddockmatten sind eine relativ teure Variante. In der Zwei-Schichten-Bauweise hat die Trennschicht auch tragende Funktion. Hier wählt man entsprechend stabiles Material aus. Häufig sieht man in Ausläufen, die schon vor mehreren Jahren angelegt wurden Paddockplatten, die eine richtige Buckelpiste bilden. Ein maschinelles Abmisten solcher Flächen ist in der Regel nicht mehr möglich und mit Handgeräten sehr mühsam. Die Aufwölbungen entstehen dann, wenn die Tretschicht zu dünn aufgetragen oder mit der Zeit abgemistet und nicht ersetzt wurde. Die schwarzen und grauen Platten aus Kunststoff heizen sich bei Sonnenein-

Reitplatzvliese

Sogenannte Reitplatzvliese sind häufig Geotextilien aus dem Straßen- oder Garten- und Landschaftsbau. Sie haben eine Dehnfähigkeit von weit über 30 % und arbeiten sich beim Scharren, wilden Galoppaden, ausgelassen spielenden Pferden oder Rangeleien an den losen Überlappungen durch die Tretschicht an die Oberfläche, wo vor allem beschlagene Pferde sie zerreißen. Dort sind sie über kurz oder lang gefährliche Stolperfallen für Tier und Mensch. Stabilere Vliese mit über 250 g/m² neigen zum Zusetzen durch Mist, Urin und Feinstoffe aus der Tretschicht, sodass sie zu Stauwasserbildung führen können.

Buckelpiste aus Paddockplatten.

strahlung (auch unter heißem Sand) stark auf und wölben sich an den Ecken auf. Hintergrund sind die thermoplastischen Eigenschaften der verwendeten Kunststoffe und die großen zusammenhängend verlegten Flächen ohne ausreichende Dehnungsfugen. Bei der Verwendung von Geotextilien als Trennschicht muss Reitplatzgewebe verwendet werden, das eine Zugfestigkeit von mindestens 40 kN/m und eine Dehnung von weniger als 15 % aufweist. Ungeeignet sind Vliese, die ohne Gitterplatten verlegt sind. Bedingt geeignet sind Rasengittersteine aus Beton. Sie sind extrem hart und bedürfen einer gut federnden, aber nicht zu tiefen Tretschicht. Außerdem neigen sie bei starker Belastung zum Brechen. Entsprechen können sie eine Alternative auf weniger stark frequentierten und bespielten Teilbereichen eines ansonsten mit Naturboden versehenen Auslaufes beispielsweise im Bereich von Heuraufen, Körperpflegestationen oder Tränken sein.

Die Tretschicht muss sowohl den Anforderungen an die Tiergesundheit – Elastizität, Trittfestigkeit, Komfortverhalten, Hufabrieb – aber auch arbeitswirtschaftlichen Ansprüchen wie leichtes Abmisten, Wasserdurchlässigkeit, Haltbarkeit und Frostfestigkeit genügen. Geeignetes Material ist gewaschener Sand ohne Feinanteile. Im Sommer sind diese nämlich für die Staubbildung verantwortlich, im Winter durch ihre Wasserhaltefähigkeit für ein früheres Gefrieren der Tretschicht.

Tritttiefe beachten

Grundsätzlich gilt: Die Tretschicht des Auslaufs muss trittfest, staubfrei, wasserabführend und umweltverträglich sein. Das Pferd ist ein Tier der Steppe und sein Bewegungsapparat an harte, aber federnde Böden mit geringer Tiefe angepasst. Bei der Auswahl des Materials sollte eine geringe Tritttiefe zwischen 2 und 5 cm angestrebt werden. Mehr als 6 cm Tritttiefe sind aus Tierschutzgründen nicht zulässig, weil diese langfristig zu Sehnen- und Gelenkproblemen führt.

Gebrochener Sand verfügt zwar über eine höhere Scherfähigkeit und ist damit trittfester, allerdings auch aggressiver im Hufabrieb und deshalb nicht zuletzt wegen seiner hohen Feinanteile ungeeignet. Die Scherfähigkeit und andere technische Eigenschaften von Böden mit gewaschenem Sand erhöht man durch den Zuschlag organischer Stoffe wie (Weich-)Holzschnitzel oder Bambusfasern.

Hackschnitzel aus Weichholz sind ein immer noch vergleichsweise preisgünstiges und gut verfügbares Tretschichtmaterial, das aber durch die laufende Zersetzung immer regelmäßig ergänzt und hin und wieder komplett ausgewechselt werden muss. Sie eignen sich vor allem als Tretschicht auf Naturböden zum Trockenlegen von Matschstellen, denn Hackschnitzel verteilen durch ihre unterschiedliche Größe den Druck des Pferdehufes vertikal auf eine Fläche, die dem Mehrfachen der Hufgröße entspricht. So wird das Wasser in den umliegenden Boden verteilt. Der größte Nachteil von Hackschnitzel liegt beim Abmisten der Fläche, die nur manuell erfolgen kann. So eignen sie sich nur für kleinere Teilflächen in ansonsten mit Naturboden oder wasserundurchlässigen Belägen versehenen Ausläufen kleiner Pferdebestände.

Rasengittersteine aus Beton sollten nur in Ergänzung mit größeren, elastischeren Untergründen oder Naturböden Verwendung finden.

Harte, wasserundurchlässige Bodenbeläge wie Pflaster- oder Knochensteine sind leicht zu reinigen, sollten aber auf stark frequentierte Bereiche des Auslaufs um Selbsttränken, vor Fressständern, den Wartebereichen der Rau- und Kraftfutterstationen sowie den Ein- und Ausgängen des Liegebereichs beschränkt bleiben. Idealerweise werden an solchen Zonen Gummiverbundplatten verlegt oder Gummimatten auf die versiegelte Fläche gelegt.

Ungeeignet für Ausläufe sind grobe Hartholzschnitzel aus Vorsicht vor giftigen Gehölzen wie Walnuss, Eiche, Robinie, … Das Gleiche gilt für Material von kommunalen Häckselplätzen. Fibersand und Recycling-Glassand sind vor allem für Barhufpferde so ungeeignet wie Split. Grober Rundkies kann Hufgeschwüre verursachen. Auf synthetische Zuschlagstoffe für Sand aus Neu- oder Recyclingmaterial wie sie im Reitplatzbau Verwendung finden, sollte man aus Umweltgründen auf Paddockflächen verzichten. Vor allem Textilflocken und -fasern, Teppichschnitzel aber auch Altstoffe aus Kabelschredder zersetzen sich teilweise unter Umwelteinflüssen und bilden reizende oder giftige Feinstäube, die das Pferd beim Fressen, Liegen und Wälzen unmittelbar aufnimmt und außerdem Oberflächengewässer verschmutzen. Die Entsorgung kontaminierter Böden über den Sondermüll kostet Unsummen. Auch der Mist wird verunreinigt und die Verwertung in Biogasanlagen und im Pflanzenbau unmöglich.

Strukturierte Ausläufe

Da sich gute Tretschichten meist im Grenzbereich der Anforderungen an das Komfortverhalten von Pferden befinden, ist es sinnvoll, auf den Ausläufen spezielle Liege-, Wälz- und Toilettenplätze anzubieten, die mit Sand oder Holzschnitzeln angeschüttet sind. Alle Funktionszonen sollten so weit wie möglich voneinander entfernt liegen, um Pferden Laufanreize zu bieten. Im Auslauf sollten Schattenplätze durch hochstämmige, ungiftige Bäume mit einer Leitasthöhe von 1,80 – 2 m angeboten werden, die mit einem Verbissschutz ausgerüstet sind.

Hygiene

Paddockflächen müssen den hygienischen Anforderungen genügen, egal mit welchem Untergrund. Entsprechend müssen sie wenigstens einmal täglich abgemistet werden. Es reicht nicht aus, Paddockflächen auch auf Naturböden lediglich abzuschleppen. Je regelmäßiger und gründlicher die Reinigung der Paddockflächen erfolgt umso länger ist die Lebensdauer der Tretschicht.

Weitere Strukturelemente, die auch rangniederen Tieren Schutz vor Übergriffen oder Rangeleien bieten, sind liegende Baumstämme, Tonnen oder beispielsweise in T-Form aufgestellte, stabile Palisaden, die den Tieren im oberen Bereich Durchblick gewähren.

Pferde schätzen freie Sicht in die Ferne. Windbrechnetze bieten ihnen einen Witterungsschutz, ohne ihnen den Ausblick zu verwehren. Die Forderung von Hecken im Randbereich von Pferdeausläufen ist insofern problematisch, da die im Winter auch Windschutz bietenden, immergrünen Heckenpflanzen wie Thuja, Eibe, Kirschlorbeer oder Liguster fast ausnahmslos giftig sind. Ihnen dient das Gift als natürlicher Verbissschutz vor Wildtieren. Fichten, Tannen und Wacholder sind unproblematischer für Pferde, können aber, in größeren Mengen verzehrt, durchaus auch zu Verdauungsproblemen führen. Sie sind nur bedingt schnitttauglich. Bei dichtem Stand verkahlen sie rasch von unten und reagieren empfindlich auf Urin und Kot.

Hecken aus verschiedenen Laubgehölzen sind optisch ansprechend und, ökologisch wertvoll, aber im Winter nur bei großzügig angelegter Breite und intensiver Schnittlenkung in den ersten Jahren von Nutzen. Geeignet sind vor allem alle heimischen Gehölze wie Holunder, Haselnuss, Hartriegel, Schneeball, Heckenrosen, Zieräpfel und Weißdorn. Diese bieten

1 Die Vorteile von Kunststoffplatten (Elastizität, Wasserdurchlässigkeit) und Pflaster bzw. planbefestigten Flächen (Hygiene, Stabilität) bieten solche elastischen TTE®-Pflasterflächen.
2 Körperpflegestationen sind auch bei einer großen Anzahl von Artgenossen ein beliebter Anlaufpunkt.
3 Windbrechnetze sind in windexponierten Lagen eine gute Alternative.

Kanten bedürfen einer zusätzlichen Abdeckung.

Insekten und Vögeln nebenbei einen wertvollen Lebensraum. Lediglich dichte schnittfeste Hainbuchen- oder Feldahornhecken sind bei dichtem Wuchs auch unbelaubt ein guter Windschutz ohne allzu große Platzansprüche. Hecken müssen so angelegt werden, dass sie von den Pferden nicht erreicht und gefressen werden können. Stationen zur Körperpflege mit Bürsten, Besen und Scheuermatten können als Wegteiler an aufrechten Stützpfosten oder an Stallwänden angebracht sein.

Paddockzäune
Die Paddockumzäunung dient der Sicherheit vor ausbrechenden Pferden und fremden eindringenden Menschen. Sie muss so hoch sein, dass sie ein Ausbrechen oder Überspringen verhindert. Exakte rechtsverbindliche Vorschriften gibt es hierzu nicht, dafür mehrere voneinander abweichende Empfehlungen der Landwirtschaftsverwaltung, der Beratungsstelle für Unfallverhütung in der Landwirtschaft und den Leitlinien zur Beurteilung von Pferdehaltungen unter Tierschutzgesichtspunkten. Bei einer Höhe der obersten Querstange zwischen 0,8–0,9 x der Widerristhöhe des größten Pferdes wird sich aber kaum eine Versicherung verweigern, und wenn die Lebensbedingungen stimmen, bleibt auch ein sprunggewaltiges Pferd gerne bei den Artgenossen. Je nach Materialstabilität sind Pfostenabstände von 2,5 m bis 4 m vertretbar. Die Pfosten müssen ausreichend tief im Boden versenkt werden. Stahlrohre und Pfostenträger für Holzzäune sollten zur Stabilisierung einbetoniert werden.

Für größere Gruppen eignen sich feste Zäune aus Holz, galvanisierten Metallrohren oder Kunststoff, nach Bedarf mit einer stromführenden Querverbindung. Die Ecken sollten nach Möglichkeit abgerundet werden. Die verwendeten Pfähle und Querstangen dürfen nicht scharfkantig sein. Gewinde und Holzschrauben

> **Internet-Suchtipp zu Paddockzäunen**
> Holzzäune, giftige Hölzer, Dauerhaftigkeitsklassen, Schutzgemeinschaft Deutscher Wald (Baum Infos), Giftpflanzendatenbank der Uni Zürich

> **Mit oder ohne Strom?**
>
> Je kleiner ein Auslauf ist, umso eher sollte eine sehr stabile Einfriedung die Hütesicherheit auch ohne zusätzlichen Strom gewährleisten, denn eine stromführende Litze hemmt die Bewegungslust von Pferden zusätzlich. Erkundigen Sie sich im Zweifelsfall bei Ihrer Haftpflichtversicherung, ob sie Ihre bauliche Lösung akzeptiert.

sollten immer von innen nach außen befestigt werden und aus rostfreiem Material sein. Zaunelemente oder Pfosten aus Recyclingkunststoff sind langlebig und stabil, aber auch relativ teuer in der Anschaffung. Eine wartungsarme Lösung sind Paddockabgrenzungen aus verzinkten Wasserrohren mit zwei Zoll Durchmesser. Sie sind die preiswerte Alternative zu Systemlösungen von Stallbaufirmen. Im Agrarfachhandel gibt es für Zwei-Zoll-Rohre eine vielfältige Auswahl an Steckverbindern, mit denen die Rohre einfach in beinahe jeder Dimension und sogar Winkelung verbunden werden können. Die stabilen Einzäunungen können durch Schellen mit Schraubgewinden für Isolatoren mit E-Zaun ergänzt werden.

In weitläufigen und nicht zu dicht belegten Ausläufen ist der „Bewegungsdruck" auf die Randbereiche durch ausreichend Ausweichfläche geringer als in kleinen, dicht besetzten Anlagen. Entsprechend können diese auch mit stabilen Holz- oder Kunststoffpfosten und Gummigurtbändern oder stromführenden Bändern eingemacht werden. Vor allem Strombänder verschleißen aber durch Temperaturschwankungen, UV-Strahlung und hohen Widerstand mit Wärmentwicklung an Knickstellen und Verbindungen leichter. Sie bieten nur bei einer zuverlässigen Leitfähigkeit wirklich Hütesicherheit.

Paddockzäune müssen ein Überspringen, Durchklettern oder Eindringen von Unbefugten verhindern!

So wohnen Pferde – Haltungssysteme

Um Verletzungen vorzubeugen, müssen diese Systeme regelmäßig nachgespannt und nach Stürmen überprüft werden. Gerade Bänder haben eine besonders große Windangriffsfläche und können im Sturm sogar morsche oder schlecht befestigte Pfosten niederreißen. Eine nicht ganz preisgünstige, aber für kleine Ausläufe, Kranken- oder Eingliederungsboxen sehr flexible Lösung sind Panels aus galvanisierten Stahlrohren. Diese Systeme bieten eine Vielzahl von Verwendungsmöglichkeiten.

Beim Bau von Paddockabgrenzungen aus Holz muss die grundsätzlich kürzere Lebensdauer berücksichtigt werden. Holzeinfriedungen erfordern deshalb regelmäßige Kontrollen der Stabilität von Pfosten und Querbalken sowie Instandhaltungsmaßnahmen. Außerdem wird Holz von Pferden gerne angeknabbert. Auswahlkriterien sind neben der Stabilität der Einfriedungen auch die Ungiftigkeit der verwendeten Hölzer. Auch viele gebräuchliche heimische Holzarten sind, zumindest im frischen Zustand, schwach giftig. Bei gut abgelagerten Hölzern haben sich jedoch viele Holzinhaltsstoffe verflüchtigt. Außerdem „arbeitet" dieses Holz nicht mehr so stark und die Gefahr, dass Zäune, Abgrenzungen oder andere Konstruktionen sich verziehen, ist deutlich geringer. Splintholz – das Holz jüngerer Jahre direkt unter der Rinde – ist

Systemanbieter haben maßgefertigte Lösungen für Bewegungsställe. Durchschlupfe verkürzen den betreuenden Menschen die Wege.

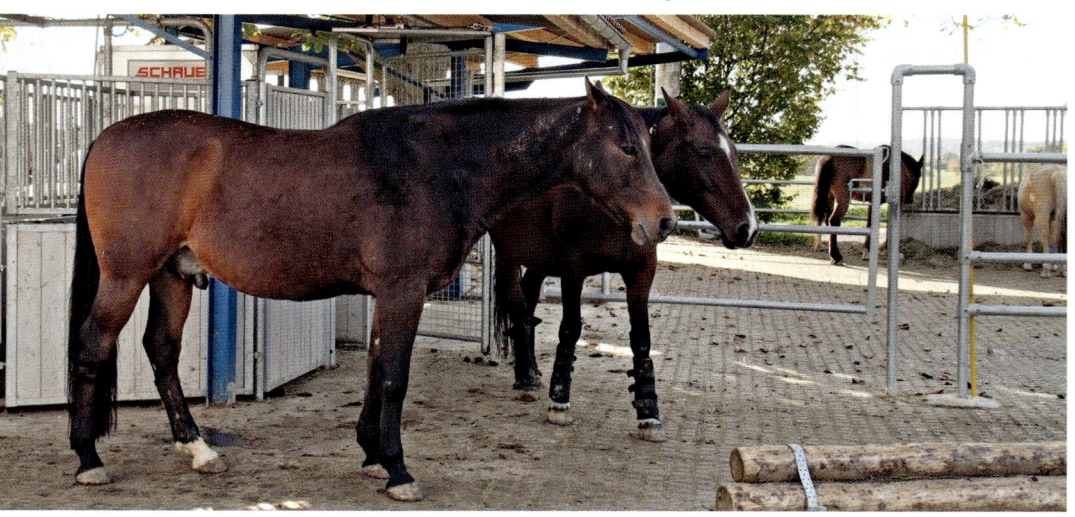

wiederum stärker mit Holzinhaltsstoffen belastet als Kernholz aus der Stammmitte. Manche Bauhölzer sind vor allem im Rindenbereich giftig. Niederschläge, UV-Strahlung und Temperaturschwankungen setzen Holz im Freien besonders zu. Holzschutzmaßnahmen richten sich deshalb vor allem gegen Insekten- und Pilzbefall. Im Aufenthaltsbereich von Pferden scheiden Holzschutzmaßnahmen durch Imprägnierung und teerhaltige Holzschutzmittel, die bereits seit 1983 verboten sind, aus. Alte Eisenbahnschwellen, Holzmasten, Pfähle und Balken dürfen auch in Pferdeställen und Ausläufen nicht mehr verbaut werden. Bestimmungsgemäß darf es bei bauaufsichtlich zugelassenen vorbeugenden Holzschutzmittelwirkstoffen zu keinem Hautkontakt von Tieren mit chromhaltigen Holzschutzmitteln und zu Kontakt von Futtermitteln bei allen anderen Holzschutzmitteln kommen. In der Regel bleibt nur der konstruktive Holzschutz. Das bedeutet, dass Konstruktionshölzer wie Zaunpfähle keinen Boden(Erd-)kontakt haben dürfen, was zu einer schnelleren Zersetzung und einer entsprechend kürzeren Lebensdauer führt. Alternativ können Pfosten im Naturboden in Einschlaghülsen oder auf einbetonierte Pfostenträger gesetzt werden.

Pfosten aus robusteren heimischen Laubhölzern scheiden aufgrund ihrer leichten bis deutlichen Giftigkeit für Pferde meist aus. Das Gleiche gilt grundsätzlich für alle in Ställen verbaute Hölzer.

Tropenhölzer sind mittlerweile auch aus Plantagenwirtschaft oder nachhaltiger Forstwirtschaft (FSC-Siegel) gut erhältlich und nur dann ökologisch tolerierbar. Es gibt eine Vielzahl sehr dauerhafter Hölzer, für die im individuellen Fall die Unbedenklichkeit für Pferde und andere Tiere mithilfe der Giftpflanzendatenbank der Universität Zürich geprüft werden muss, bevor sie verbaut werden können.

Massive Holzabtrennungen ohne Strom zwischen friedlichen Nachbarn erlauben eine freundliche Kommunikation.

Giftwirkung von frischem Holz auf Pferde

Holzart	Inhaltsstoffe	Giftigkeit	Haltbarkeit*
Kiefer, Lärche	ätherische Öle wie Terpentinöl u.a.; dünsten nach einer gewissen Zeit aus	frisches Holz schwach giftig	+/- bis -
Fichte, Tanne	ätherische Öle wie Terpentinöl u.a.; dünsten nach einer gewissen Zeit aus	frisches Holz schwach giftig	-
Holz von Kiefer, Lärche, Fichte und Tanne mit einer Holzfeuchte < 18 Prozent unbedenklich			
Douglasie	in Rinde und Splintholz: ätherische Öle, Terpene verdunsten langsam	schwach giftig	+/- bis -
Douglasienholz dünstet noch länger flüchtige Holzinhaltsstoffe aus, die bei empfindlichen Tieren möglicherweise allergische Reaktionen auslösen können.			
Stieleiche, Traubeneiche	Gerbsäuren (Tannine) im Holz, bis 20 Prozent in der Rinde	frisches Holz schwach giftig bis giftig	+
Die heimischen Eichenarten ergeben relativ langlebige Zaunpfähle. Im frischen Zustand durch erreichbare Rinden (Baumkanten) Vergiftungsgefahr. Ohne Baumkanten ungefährlich.			
Buche	Mycotoxine bei Pilzbefall	unbedenklich	--
Buchenholz kann aufgrund der Empfindlichkeit gegen Feuchtigkeit und der geringen Resistenz gegenüber Holz abbauenden Pilzen nur in Innenräumen verbaut werden und spielt als Bauholz keine Rolle.			
Edelkastanie	hoher Gerbsäuregehalt (Tannine) im Holz (bis 13 Prozent)	unbedenklich	+
Zaunpfosten der Edelkastanie werden vor allem in Verbindung mit Staketenzäunen im Gartenbau eingesetzt. In der Literatur ist keine Giftwirkung verzeichnet.			
Robinie (Scheinakazie)	Toxalbumine Robin, Phasin, Robinin (Glycosid); in der Rinde mehr als im Holz	unterschiedlich giftig bis stark giftig ++ Tödliche Dosis für Pferde 150g Rinde	+ bis ++
Robinienholz (Schein-Akazie) wird vor allem im Gartenbau wegen seiner Haltbarkeit verarbeitet. Die gesundheitliche Vergiftungsgefahr ist zu groß um es in Tiernähe, vor allem mit Rinde, zu tolerieren.			
Eibe	Alkaloidgemisch Taxin (Taxin A, B, C u.a.), geringe Mengen an cyanogenem Glycosid (10-40 mg/kg) Taxicatin, Millosin, Ameisensäure. Alkaloidgehalte: 0,6–2%	stark giftig ++ Tödliche Dosis für Pferde 20-40g Nadeln/kg LM	++
Eibe spielt in der Baupraxis keine Rolle. Allerdings besteht bei Heimwerker ohne botanische Kenntnisse die Gefahr der Verwechslung mit Tanne, wenn möglicherweise Zaunpfähle selbst gemacht werden			

*Haltbarkeit (Standdauer) in Jahren: ++ = sehr dauerhaft (13 Jahre), + = dauerhaft (8-13 Jahre), +/- = mäßig dauerhaft (5-8 Jahre), - = wenig dauerhaft (3-5 Jahre), -- = nicht dauerhaft (< 3 Jahre)

Quelle u.a.: www.holzfragen.de (Stand 6.12.2012)

Die richtige Einstreu

Das Thema Einstreu spaltet Pferdeleute in verschiedene Lager. Während die einen ihre Pferde gerne bis zum Bauch im Stroh stehen sehen, plädieren andere für eine einstreulose Haltung und verweisen auf die zahllosen „Gefahren" durch Strohfressen, aber auch auf die Umstände, die mit dem Einstreuen verbunden sein können. Bei diesen Abwägungen muss klar sein: Die Qualität der Einstreu beeinflusst das Ruheverhalten von Pferden. Bei Tieren, die keine Möglichkeit haben, sich auf einem bequemen Untergrund im Trockenen liegend zu erholen, leiden die Leistungsfähigkeit und die Belastbarkeit. Insbesondere beim Schlaf im Liegen, vor allem in Seitenlage, vermuten Wissenschaftler den sogenannten REM-Schlaf (rapid eye movement) oder Tiefschlaf des Pferdes. Dieser führt mit einem völlig entspannten Muskeltonus sowie verlangsamter Herz- und Atemfrequenz zu größtmöglicher Erholung. Vor allem der Schlaf in Seitenlage stellt hohe Anforderungen an die Hygiene von Einstreu, denn in unmittelbarer Nähe nehmen Pferde Atemluft auf.

> **Internet-Suchtipp zur Einstreu**
> Stroh, Strohpellets, Holzspäne, Hanfstroh, Leinstroh, Rapsstroh, Gummimatten, Pferdebetten, Wechselstreu, Mistmatratze, Tiefstreu

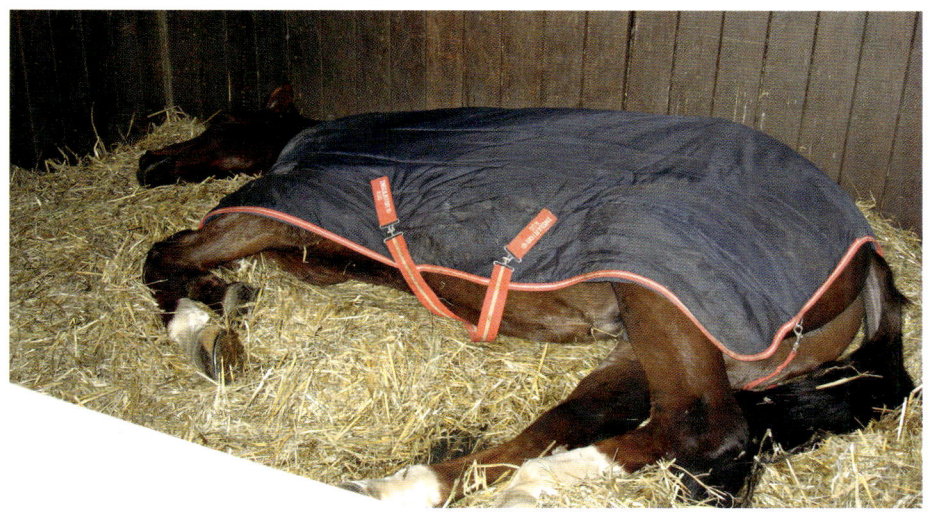

Aller gut gemeinten Einstreualternativen zum Trotz belegen Untersuchungen immer wieder: Pferde würden Stroh einstreuen.

Grundsätzlich muss Pferden eine ausreichend große Fläche zur Verfügung gestellt werden, auf der sie vor Dauernässe oder Hitze geschützt ruhen oder schlafen können. Der Untergrund muss weich, angenehm und nach unten gegen Strahlungskälte isolierend wirken. Die Anforderungen an geeignete Einstreu lauten deshalb erweitert um arbeitswirtschaftliche Aspekte:

- hoher Liegekomfort
- hohe Saugfähigkeit
- Hygiene
- Rutschsicherheit
- geringe Schadgasgenerierung und Partikelfreisetzung
- großes Beschäftigungspotenzial
- Wirtschaftlichkeit durch niedrige Anschaffungskosten und geringe Verbrauchsmenge
- leichtes Handling und geringes Lagervolumen
- einfache Entsorgung und gute Verrottung (Kompostierbarkeit).

Pferde suchen auch auf der Weide zum Abliegen bevorzugt trockene, zugfreie Stellen mit möglichst verformbaren Untergründen, auf denen sie vor dem Abliegen scharren und Mulden graben. Gummimatten alleine erfüllen diese Anforderungen nicht ausreichend und gelten beispielsweise in der Schweiz als nicht tierschutzgerecht.

Neben der Funktion des bequemen Liegens „beharren" die meisten Pferde darauf, die Einstreu unter Dach als Klo zu verwenden. Urin setzen sie bevorzugt dort ab, wo der Boden weich ist. Damit müssen Pferdehalter den Spagat zwischen hygienischer, emissionsarmer Einstreu und dem Bedürfnis von Pferden nach sauberen, weichen Liegeflächen sowie komfortablen Klos bewältigen. Gleichzeitig müssen sie die Mistmenge und die Kosten für Einstreu im Auge behalten. Die Anforderungen an gute Einstreu sind wie die an eine Babywindel: saugfähig, geruchsbindend und das Pferd trocken haltend. Um Einstreu im Liegebereich zu sparen, hilft es, auf dem Auslauf attraktive mit Sand oder Holzhäcksel eingestreute Pinkelplätze anzubieten, die regelmäßig entsorgt und neu eingestreut werden.

Auf dem Markt gibt es neben der traditionellen Stroheinstreu mittlerweile eine Vielzahl von speziellen Pferdeprodukten: Cellulose-Pellets, Taler, Späne und Stroh aus Hanf, Lein und Raps. Meist sind diese Einstreualternativen auch deutlich teurer als Stroh. Diese Spezialprodukte sind in der Regel entstaubt und somit geeignete Alternativen für Pferde mit Atemwegsproblemen, Allergiker oder Koliker, da sie meist wenig schmackhaft sind und deshalb nicht gefressen werden. Je feiner das Material jedoch ist, umso leichter verteilen Pferde, vor allem in kleinen Boxen, nasse Stellen und Pferdeäpfel darin. Sauberes Abäppeln wie in Stroheinstreu ist zeitintensiv und mit großem Material- und Nachstreuaufwand verbunden. Vorteil ist wiederum das geringe Mistvolumen und die meist gute Kompostierbarkeit innerhalb weniger Wochen oder Monate.

Neben der Saugfähigkeit des Materials ist die Partikelfreisetzung ein wichtiges Kriterium für Pferdehalter, ob und mit was sie Liegeflächen einstreuen. Diese luftgetragenen Partikel werden mit dem allgemeinen Begriff „Staub" bezeichnet. Zu den in der Stallluft vorkommenden zählen Mikroorganismen wie Bakterien, Hefen, Pilze, Viren, Milben und Protozoen, aber auch Endotoxine und Aeroallergene wie Pollen und Partikel aus Hautschuppen oder Haarteilen von den Tieren selbst. Neben der Einstreu ist auch das Raufutter eine bedeutende Partikelquelle im Stall. Emissionsfördernde Bedingungen sind hohe Stalltemperaturen, hohe Luftgeschwindigkeiten im Stall, nasse Einstreu und eine hohe Verweilzeit von Kot und Harn auf Liegeflächen und in Ausläufen.

Stroh in Variationen

Stroh ist die verbreitetste Einstreu und außer in reinen Grünlandregionen meist einfach und preiswert verfügbar. Es kann bis maximal ein Drittel Anteil in der Ration eine Er-

1 Im Wechselstrohverfahren fallen große Mengen strohreicher Mist an.
2 Gut gebettet.

So wohnen Pferde – Haltungssysteme 97

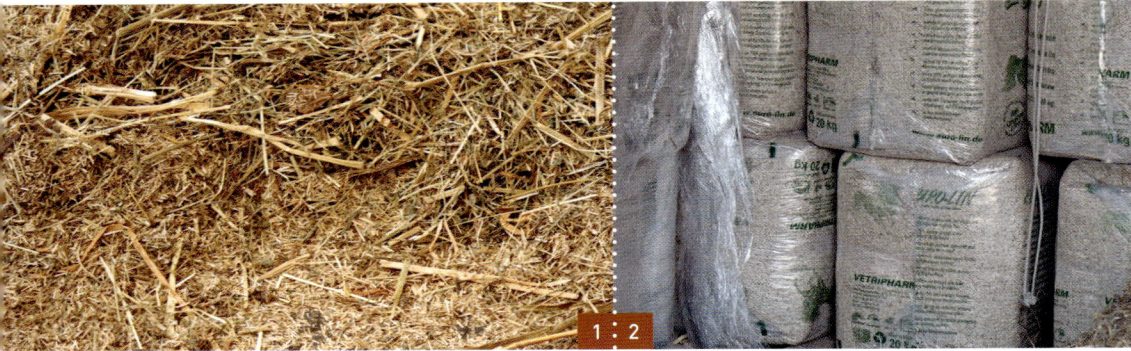

1-2 In Grünlandregionen sind saugfähige Einstreumaterialien wie Hanfstroh praktikable Alternativen zu Stroh.

gänzung des Raufutters sein und hat ein hohes Beschäftigungspotenzial. Das Wasseraufnahmevermögen von ungehäckseltem Stroh liegt deutlich unter dem anderer Einstreumaterialien. Entsprechend hoch ist der Verbrauch. So steht Getreidestroh in dem berechtigten Ruf, viel Mist zu produzieren. In der Pferdehaltung sind Weizen- und Roggenstroh gebräuchlich. Gerstenstroh wird gerne gefressen, wobei die Grannen Reizungen in der Maulhöhle verursachen können. Haferstroh gilt auch als schmackhaft. Bei Getreidestroh ist nicht zuletzt der Druschzeitpunkt der einzelnen Getreidearten ausschlaggebend für den Pilzbesatz. Hier hat die frühreife Gerste einen deutlichen Vorteil gegenüber Weizen oder dem zuletzt geernteten Hafer. Stroh von Bio-Betrieben ist frei von Pflanzenschutzrückständen und enthält einen höheren Anteil von Begleitunkräutern. Durch den höheren Frischpflanzenanteil aufgrund der Verunkrautung muss Bio-Stroh noch sorgfältiger nach dem Drusch nachgetrocknet werden als konventionell erzeugtes Stroh. In den letzten Jahren greifen Landwirte immer häufiger zu Totalherbiziden mit dem Wirkstoff Glyphosat, um die Getreidereife zu beschleunigen. Solches Stroh sollte – selbst wenn die Wartezeit eingehalten wurde – nicht genutzt werden, da die Präparate wie das verwendete Netzmittel im Verdacht stehen, Gesundheits- und Erbgutschäden zu verursachen. Auch Stroh, das mit Halmverkürzern behandelt wurde, ist als Einstreu ungeeignet.

Bei der Herstellung von Pellets wird Stroh stark zerkleinert, vermalen und unter hohem Druck gepresst. Die unter Druck entstehenden Temperaturen von über 100 °C führen zu einer Abtötung von Keimen, Pilzsporen und Hefen. Die starke Zerkleinerung des Strohs führt zu einer deutlich verbesserten Saugfähigkeit gegenüber dem Ursprungsmaterial, einem geringeren Mistanfall und einer guten Kompostierbarkeit. Durch die Hygienisierung kommt es zu einer geringeren Partikelfreisetzung. Strohmehl hat eine sehr hohe Saugkraft und reduziert das Mistvolumen deutlich. Bei aufbereiteten Strohprodukten sind die Herkunft und der Einsatz von Pflanzenschutzmitteln jedoch nicht gesichert und können schlecht herausgefunden werden. Aus ökologischen Gründen sollten Sie auf den Bezug von Strohprodukten aus weit entfernten Anbaugebieten wie Südosteuropa verzichten und auf regionale Produkte zurückgreifen.

Hanf, Lein & Papier

Hanf- und Leinenschäben sind sehr saugfähige Rückstände aus der Fasergewinnung, die nur wenig Mist verursachen. Sie setzen jedoch gegenüber Stroh mehr Partikel frei und sind deutlich teurer. Hinsichtlich Saugkraft, Partikelfreisetzung und Ammoniakentwicklung haben Papierschnitzel große Vorteile gegenüber anderen Einstreumaterialien. Dem steht jedoch die geringe Verfügbarkeit entgegen. Recyclingpapier eignet sich wegen der darin enthaltenen Metallklammern nicht als Einstreu für Pferde. Die Verwendung von unbedruckten Zeitungspapierschnitzeln ist aufgrund des hohen Energie- und Wasserbedarfs bei der Herstellung aus Umweltschutzgründen abzulehnen.

Holzprodukte

Holzspäne und Sägemehl aus Weichholz sind die am häufigsten eingesetzten Alternativen zu Stroheinstreu und kommen vor allem dort zum Einsatz, wo das Fressen der Einstreu aus Diätgründen oder zur Kolikprophylaxe unerwünscht ist. Aufbereitete und entstaubte Holzspäne kommen Allergikern und Pferden mit Problemen der Atemwege entgegen. Die Pilzbelastung ist gegenüber Stroh deutlich geringer. Zur Partikelfreisetzung gibt es mehrere Untersuchungen, die nicht alle eindeutige Vorteile gegenüber Stroh belegen. Das Gleiche gilt für die Ammoniakbildung und -freisetzung. Holzspäne sind, sofern sie nicht direkt vom Sägewerk bezogen werden, als Pressballen verpackt gut lagerbar. Nachteile sind die verzögerte Kompostierbarkeit und der geringere Düngewert des Mistes. Dies macht die Entsorgung von Spänemist vor allem für Pferdehalter, die keine Möglichkeit zur Kompostierung haben, schwierig.

Auch Biogasanlagen lehnen diesen Mist ab. Beim Erwerb von Spänen oder Sägemehl aus Holz verarbeitenden Betrieben muss darauf geachtet werden, dass dies frei von giftigen Substanzen wie Holzschutzmitteln sind. Hartholzschnitzel von Bunt- und Tropenhölzern können giftige Arten enthalten und sind ungeeignet. Rindenmulch und Holzschredder vom kommunalen Häckselplatz sind nicht zum Einstreuen von Liegeflächen oder Ausläufen geeignet. Sie sind meist feucht, keimbelastet und von undefinierbarer Zusammensetzung. Nicht selten enthalten sie hochgiftige Gehölze wie Eibe, Thuja oder Robinie. Weichholzhackschnitzel können auf größeren Flächen eine preisgünstige Alternative zu Stroh sein, haben aber deutliche Nachteile beim Liegekomfort, bei der Saugkraft, dem Keimbesatz und sind sehr langwierig zu kompostieren, sodass die Abnahme schwierig ist. Das saubere Abmisten ist aufwändig und die Einstreu zunehmend staubig.

Pferdebetten, Stallmatten & Co.
Neben den klassischen Einstreumaterialien, die regelmäßig erneuert werden müssen, gibt es alternative Unterlagen, bei denen weitgehend auf Einstreu verzichtet werden kann. Pferdebetten sind Gummiunterlagen in Sandwichbauweise, die zwischen einer Unter- und Oberseite aus rutschfestem und wasserundurchlässigem Material einen verformbaren Schaumstoffkern haben, der den Liegekomfort garantieren soll. Hier wird lediglich um die Matten herum eingestreut, damit der Urin aufgesaugt werden kann. Die Pferdebetten sind laut Herstellerangaben so robust, dass auch beschlagene Pferde keinen Schaden anrichten. Sie finden in Boxen wie im Liegebereich von Gruppenställen Verwendung. Nachteile solcher Pferdebetten sind die hohen Anschaffungskosten und das problematische Handling durch ein hohes Eigengewicht.

Der Einsatz von Stallmatten allein erfüllt nicht ausreichend die Anforderungen an einen hohen Liegekomfort. Diese müssen ergänzend mit einem saugfähigen Einstreumaterial überstreut werden, nicht zuletzt um zu verhindern, dass Urin zwischen die Fugen läuft und es zu anaeroben Umsetzungsprozessen und Schadgasbildung unter den Matten kommt. Auf dem Markt gibt es eine Vielzahl sehr unterschiedlicher Produkte zu sehr unterschiedlichen Preisen. Alternativ zu speziellen Pferdematten haben sich im Do-it-yourself-Bereich auch Gummimatten aus Liegeboxen in Kuhställen bewährt, die es aus zweiter Hand

1 Späne sind vor allem für Diätpferde eine sinnvolle Alternative zu Stroh.
2 Gummimatten müssen wenigstens teilweise mit saugfähigem Material überstreut werden.

günstig zu erwerben gibt. In der Praxis hat sich gezeigt, dass Gummimatten wenigstens einmal im Jahr herausgenommen und mit dem Dampfstrahler gereinigt werden sollten, da der Urin auch sehr widerstandsfähiges Material mit der Zeit angreift. Eine weitere Alternative zu Einstreu sind wasserdurchlässige Großraumbodenbeläge, die auf einem mit Einstreu (Stroh, Späne) gefüllten Rahmen verlegt werden. Schlafen wie auf einer Wiese verspricht der Hersteller. Der Urin fließt durch den Belag ab und wird in der darunterliegenden Einstreu aufgefangen. Eine Auswechslung der Unterlage ist alle zwei bis drei Monate notwendig.

Einstreumanagement

Pferde meiden von Natur aus Untergründe, die mit Kot und Urin versetzt sind. Entsprechend schwierig ist der Kompromiss in einem Stall zwischen dem Angebot einer trockenen Liegefläche und dem Bedürfnis des Pferdes, diesen kleinen Raum gleichfalls als Toilette zu benutzen. In Boxen leben Pferde praktisch immer in einem „Wohnklo mit Fressecke".

In der Praxis gibt es neben weitgehend einstreulosen und wenig tiergerechten Haltungen am häufigsten Wechselstrohverfahren, aber auch Matratzen- und Tiefstreu. Im Wechselstrohverfahren werden der Mist und nasse Einstreu täglich mindestens einmal komplett entfernt und mit frischem Stroh frisch eingestreut.

Das Verfahren ist zeitaufwändig und erfordert große Mengen Einstreu. In manchen Ställen wird die Einstreu auch nur alle paar Tage erneuert. Dabei werden allerdings auch große Mengen frischen Strohs entsorgt. In Boxen ist dieses Verfahren eher problematisch, da durch das große Bewegungsbedürfnis auf kleinstem Raum eine starke Durchmischung und entsprechende Durchfeuchtung der Einstreu erfolgt, die zu beschleunigten Umsetzungsprozessen mit entsprechender Ammoniakbildung führt. Da das Pferd dort nicht in trockene Einstreuzonen ausweichen kann und mitunter auch noch das Raufutter (Heu) im Mist serviert bekommt, findet das Hygienebedürfnis der Tiere kaum Beachtung. Hier sind Gesundheitsprobleme durch Parasiten, Schäden der Atmungsorgane und Strahlfäule nicht selten, da sich viele Boxenpferde den Großteil des Tages in solchen Hygieneverhältnissen aufhalten müssen.

Mistmatratze
Die Mistmatratze hat in Reiterkreisen einen sehr schlechten Ruf, dem sie lediglich dann gerecht wird, wenn sie mangelhaft und unsachgemäß gepflegt ist. Sinnvoll ist das tägliche Abmisten der Pferdeäpfel und oberflächlicher feuchter Stellen. Die Einstreu muss täglich großzügig ergänzt werden, damit sich mit der Zeit eine feste Matratze bildet. Entsprechend höher muss die tägliche Einstreu ausfallen, wenn Sie auf das Abmisten verzichten. Wird die Einstreu so hoch kalkuliert, dass sie den anfallenden Urin weitgehend bindet, ist ein Austausch alle acht bis zwölf Wochen ausreichend. Nach unten entstehen zunehmend nasse Schichten, in denen erste mikrobielle Umsetzungsprozesse stattfinden, die je nach Feuchtigkeit und Dichte Schadgase und Ammoniak generieren können. Diese Prozesse können jedoch positiv durch den Einsatz von effektiven Mikroorganismen (EM) beeinflusst werden, was sich kompostfördernd und geruchsmindernd auswirkt. Im Tiefstreuverfahren wird die Matratze lediglich zwei- oder dreimal im Jahr vollständig entfernt und möglicherweise nur alle paar Tage nachgestreut. Bei diesem Verfahren sollte der Stallboden mit einer Schräge angelegt sein, sodass die Feuchtigkeit sich in tieferliegenden Zonen sammelt und trockene, emissionsarme Zonen erhalten bleiben. Problematisch ist in Tieflaufställen der weiche Untergrund, der zu Gelenkproblemen und Sehnenschäden führen kann, wenn keine festeren Untergründe vorhanden sind. Für Matratzen- und Tieflaufställe sind ein großes Luftvolumen und ein gutes Stallklima Voraussetzung.

Auf frei zugänglichen Ausläufen können Pferden zusätzlich regelmäßig gepflegte und mit weichem Material eingestreute Pinkelplätze angeboten werden, um die Verunreinigungen auf den Liegeflächen zu reduzieren. Matratzen- und Tiefstreuställe haben vor allem arbeitswirtschaftliche Vorteile. Das Entmisten muss jedoch aufgrund der hohen körperlichen Anforderungen aufgrund des großen Mistvolumens maschinell erfolgen, was eine entsprechende Stallplanung voraussetzt. Werden diese Ställe mit einer großzügigen Grundeinstreu frisch eingestreut, sollten die Pferde sich so lange nicht im Stall aufhalten, bis die luftgetragenen Partikel weitgehend herausgelüftet sind oder sich abgesetzt haben. Matratzen bieten pathogenen Keimen einen besseren Nährboden als Wechselstreu, auch der Parasitenbefall ist bei schlechtem Management höher. In den Nischen und entlang von Wänden können sich Insekten besser vermehren als in Boxen. Entsprechend sollte die Matratze nicht bis in die Randbereiche der potenziellen Liegefläche reichen, so dass sich die Pferde überall regelmäßig auf der Einstreu bewegen.

Wissenschaftliche Studien bescheinigen einer gut gepflegten Matratze mit regelmäßiger und reichlicher Einstreu auch bei mehrwöchiger Liegezeit keine erhöhten Ammoniakkonzentrationen gegenüber Wechselstreu und sogar Vorteile bei den Partikelkonzentrationen beim täglichen Nachstreuen gegenüber dem täglichen Einstreuen bei Wechselstreu.

1 Eine angenehme Outdoor-Toilette hält die Liegefläche unter Dach länger sauber.
2 Mistmatratzen sind strohreiche Verfahren und nur dort geeignet wo das Einstreumaterial reichlich und günstig zu haben ist. Sie können später in Biogasanlagen energetisch verwertet werden.

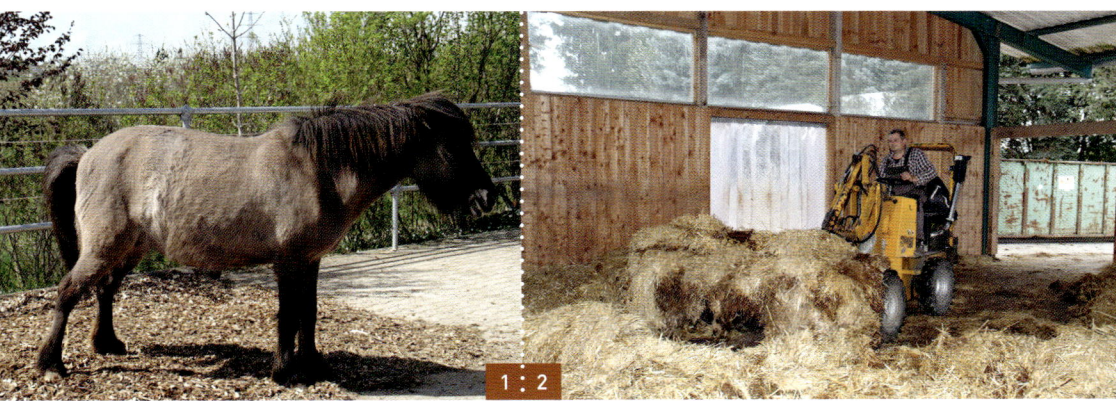

Wohin mit dem Mist?

Pferde produzieren pro Jahr 9 bis 12 Tonnen Frischmist pro Tier. Zusammen mit der Einstreu, die bei einem großzügigen und pferdefreundlichen Einsatz einen erheblichen Volumenanteil ausmacht, machen Lagerkapazitäten von bis zu 6 m³ je Pferd notwendig. Dazu kommen häufig noch Futterreste und Mähgut von Koppeln. Pferdemist mit hohem Anteil an Einstreu ist aus pflanzenbaulicher Sicht eher unattraktiv und entsprechen schwierig ist es für manchen Pferdebetrieb oder Kleinhalter ohne Landwirtschaft, seinen Mist zuverlässig und zu vertretbaren Kosten zu entsorgen. Die umweltgerechte Lagerung und Entsorgung ist somit für die Genehmigung von Pferdehaltungen eine der großen Hürden. Für viele Pferdehalter ist es deshalb notwendig, das Mistvolumen so gering wie möglich zu halten. Stroh ist eine leicht verfügbare und preiswerte Einstreu. Allerdings fällt eine fast doppelt so hohe Mistmenge wie bei alternativen Einstreumaterialien an. Bei der Kostenabwägung für die Wahl von Einstreumaterial sind dementsprechend auch die Kosten für Lagerung der Entsorgung in die Entscheidung miteinzubeziehen.

Mistlagerung

Für die Anlage einer Mistlagerstätte gelten besondere Rechts- und Sicherheitsvorschriften, die in Ländergesetzen geregelt sind. Der Misthaufen sollte möglichst auf der windabgewandten Seite des Stalles oder unter Berücksichtigung des geltenden Nachbarschaftsrechtes errichtet werden, um Mensch wie Tier vor unerwünschten Emissionen und Geruchsbelästigung zu schützen. Außerdem sollte er für den Fall einer unkontrollierten Selbstentzündung ausreichend Abstand zu bestehenden Gebäuden oder Unterständen haben.

Zum Grundwasserschutz verhindert unter dem Misthaufen eine wasserundurchlässige Bodenplatte das Ablaufen von Sickersaft. Die Dimensionierung der Dunglege ist abhängig von der Tierzahl, der täglichen Einstreumenge und der Entsorgungshäufigkeit. Sie muss über wenigstens sechs Monate Lagerkapazität verfügen, denn Mist kann aus pflanzenbaulicher Sicht nicht rund ums Jahr ausgebraucht werden.

Dunglegen für relativ einstreureichen und vergleichsweise trockenen

---

Internet-Suchtipps zum Mist

Mistlagerung, Mistentsorgung, Kompostierung, C:N-Verhältnis, Wurmkompost, Biogas, Faustprobe

> **Genehmigungsbehörden**
>
> In Baufragen zur Mistlagerung geben Landratsämter, untere Landwirtschaftsbehörden, Landwirtschaftsämter, Landwirtschaftskammern oder Wasserwirtschaftsämter kompetent Auskunft.

Pferdemist haben eine nach hinten abfallende Bodenplatte und sind nach drei Seiten mit wasserdichten Wänden eingeschlossen. Auf ebenen Mistplatten leiten Jaucherinnen im vorderen Teil, die Sickersäfte in eine angeschlossene Sickergrube. Diese können wiederum per Pumpe zur Befeuchtung des Mistes und damit zur Rotteförderung dienen. Stallmist darf maximal sechs Monate am Feldrand lagern, wenn er zum Zwecke der Düngung auf diesem später ausgebracht wird. Dies gilt jedoch nur für Mist, der keinen Sickersaft mehr abgibt (> 25 % TS) oder vorher mindestens drei Wochen auf der Mistplatte zwischengelagert wurde. Außerdem darf er auch bei ungünstigen Wetterlagen kein Grund-und Oberflächenwasser beeinträchtigen. Für Wasser-, Landschafts- und Naturschutzgebiete gelten spezielle Anforderungen. Auf ungünstigen oder gefährdeten Standorten kann die Lagerung auch untersagt werden. Die Lagerflächen müssen jährlich gewechselt werden, um die natürlichen Bodeneigenschaften zu erhalten.

1 Einer von unzähligen pro Jahr.
2 Für Festmist gelten zwar keine zeitlich begrenzten Ausbringverbote wie für Gülle. Dennoch kann er nicht jederzeit auf Äcker ausgebracht werden.

1 : 2

So wohnen Pferde – Haltungssysteme

Mistentsorgung

Pferdehalter oder Reitbetriebe brauchen alternative Entsorgungsmöglichkeiten für den anfallenden Pferdemist, wenn eigene Ackerflächen nicht zur Verfügung stehen. Im Idealfall nehmen die örtlichen Lieferanten von Heu, Stroh oder Hafer den Mist ab. Alternativ kann der Mist in Kleinhaltungen in Mulden gesammelt und von einem Entsorgungsunternehmen zu einem Landwirt gefahren werden. Viele Biogasanlagen haben Interesse an Pferdemist, wenn er nicht zu viele Strohanteile hat. Auch grob holziges Einstreumaterial wie Hackschnitzel oder Holzspäne lehnen solche Anlagen wegen der schlechten Vergärbarkeit und dem Zusetzen von Förderschnecken und Pumpen ab. Für manchen Kleinhalter lohnt es sich jedoch, bei Kompostwerken oder Häckselplätzen nachzufragen. Manche Anlagen nehmen einstreulosen Pferdekot, um ihre Kompostierung in Gang zu bringen. Pferdehalter in Siedlungsnähe, die sich die Mühe einer Kompostierung machen, um das Mistvolumen zu reduzieren, können ihren Kompost auch an Kleingärtner oder Gartenbauunternehmen abgeben. Hier heißt es im Rahmen legaler Möglichkeiten! kreativ nach Abnehmern zu suchen, nicht zuletzt, um die Kosten für Mistentsorgung klein zu halten.

Mist kompostieren

Die Mistkompostierung ist eine Möglichkeit, Nährstoffe auf den eigenen Futter- oder Weideflächen in den Stoffkreislauf zurückzuführen. Um einen hygienisch hochwertigen Dünger zu produzieren und die Infektion vor allem durch Darmparasiten nicht zu forcieren, ist ein vollständiger Rotteprozess auf allen Stufen der Kompostierung notwendig. Zu Beginn der Rotte steht eine Erwärmungsphase (Heiß-/Intensivrotte), in der verschiedene Bakterien mithilfe von Sauerstoff (Wärme-)Energie freisetzen. Ein Kompost gilt dann als hygienisch, wenn er über mehrere Tage zwischen 60 und 80 °C Temperatur hatte. Nach dieser Phase sollten pathogene Keime (Tierkrankheiten), Wurmeier und Unkrautsamen abgetötet sein. Um dies zu erreichen, muss das Ausgangsmaterial locker aufgeschüttet (aerober Prozess), ausreichend feucht und am besten zerkleinert sein, damit die aktiven Mikroorganismen eine große Oberfläche vorfinden. Aus diesem Grund ist die Kompostierung von gehäckseltem Stroh sowie allen anderen bereits mechanisch aufgearbeiteten Einstreuarten wie Strohpellets, Hanf- und Leinenstroh oder Holzspänen Erfolg versprechender als die Kompostierung von Mist mit Langstroh.

Diese Intensivrottephase dauert wenige Tage. Hier werden die leicht abbaubaren organischen Substanzen verarbeitet. Die Anlage einer solchen Kompostmiete sollte wenigstens zweimal im Jahr erfolgen, denn bereits im Mistlager erfolgt eine ungeregelte Vorrotte, die, je weiter sie fortgeschritten ist, sich auf die eigentliche Kompostierung verzögernd auswirkt. Zur Kompostierung ist ein Wassergehalt von 40 bis 60 % optimal. Ist das Ausgangsmaterial zu trocken, wird der Kompostierungsprozess gehemmt oder kommt ganz zum Erliegen. Dann sieht der Misthaufen trocken und grau aus und beherbergt eine Vielzahl von Pilzen. Nasser Mist ist dagegen zu dicht. Es entstehen anaerobe Bedingungen, die Fäulnis und Bildung von Schadgasen begünstigen. Entsprechend wichtig ist deshalb die Belüftung des Mistes. In einer 16 bis 20-wöchigen Rottephase sollte der Kompost möglichst fünfmal umgesetzt bzw. neu gewendet werden, um einen hochwertigen Dünger zu bekommen. Bei jeder Bearbeitung ist der Feuchtigkeitsgehalt des Kompostes zu überprüfen und zu korrigieren. Kom-

1 Die Mistlagerung am Feldrand ist zeitlich begrenzt und nicht überall erlaubt.
2 Vom Anhänger direkt in die Biogasanlage ist eine zunehmend attraktive und praktikable Entsorgungsmöglichkeit für Kleinhalter.
3 Not macht erfinderisch!

postmieten, die nach dem Aufsetzen nur einmalig oder gar nicht mehr umgesetzt werden, müssen entsprechend länger liegen, um eine vollständige Kompostierung zu erreichen. Um die Austrocknung solcher Kompostmieten einzudämmen, können am Fuß beispielsweise Kürbisse, Zierkürbisse und Zucchini angebaut werden.

Mistmieten sollten nicht höher als zwei Meter angelegt werden, weil der hohe Eigendruck des Materials einer guten Belüftung entgegensteht. Sind die Mistmieten jedoch zu Beginn der Rotte zu niedrig oder klein angelegt, geben sie zu leicht Wärmeenergie in die Umgebung ab und erreichen oder halten nicht die notwendigen Temperaturen, die zur Hygienisierung notwendig wären. Eine zusätzliche Isolierung mit Grasschnitt und Stroh ist hier sinnvoll. Auch einstreuarmer oder -loser Pferdemist ist sehr dicht und kompostiert nur unzureichend. Zur Kompostierung muss ihm voluminöses kohlenstoffhaltiges organisches Material – am besten gehäckseltes Stroh – zugesetzt werden. Ebenso entscheidend für einen optimalen Rotteprozess wie Luft und Feuchtigkeit ist das optimale Kohlenstoff-/Stickstoffverhältnis (C:N-Verhältnis) von 20–25:1. Ist das Verhältnis zu eng, verschiebt sich der pH-Wert im Kompost ungünstig. Es entsteht gasförmiges Ammoniak, was einem Nährstoffverlust gleichkommt und lediglich die Umwelt belastet. Bei hohen Kohlenstoffgehalten, wie z. B. bei der Kompostierung von Hackschnitzeln, kommt die Rotte ebenfalls nur zögerlich in Gang. Hier hilft der Zusatz von stickstoffhaltigem Material wie frischer Grasschnitt oder Gülle. Generell brauchen solche „holzhaltigen" Komposte länger zur Reife. Ein kohlenstofflastiger, ausreichend feuchter Mist kann auch mit der Zugabe von mineralischem Stickstoff zur Rotte angeregt werden. Hinsichtlich Reifezeit und Rottequalität hat sich in der Praxis auch der Einsatz von effektiven Mikroorganismen bewährt. Diese hocheffektiven Humus bildenden Bakterien fördern den raschen Abbau des organischen Materials und unterstützen die Volumenreduktion.

Die Kompostierung von Mist muss auch auf einem wasserundurchlässi-

C:N-Verhältnis von Kompostmaterial	
Sägemehl/-späne	ca. 500 : 1
Weizenstroh	100–150 : 1
Haferstroh	60 : 1
Heu	30–50 : 1
Grasschnitt	12–25 : 1
Strohreicher Pferdemist	25–30 : 1
Pferdekot	10 : 1

gen Untergrund erfolgen und entstehendes Sickerwasser aufgefangen werden. Um eine vollständige Verrottung zu erzielen, sollte die Mistmiete mehrmals umgesetzt werden. Der Einsatz von EM ermöglicht weniger Umsetzen. Nur vollständig und hygienisch verrotteter Kompost darf auf Futterflächen – mit dem Düngerstreuer – ausgebracht werden. Eine Überdüngung ist dabei kaum möglich. Der hohe Humusgehalt wirkt sich verbessernd auf die Bodenstruktur, das Wasserhaltevermögen, die Nährstoffverfügbarkeit und Bodenlebewesen aus. Ob der Kompost reif ist, testen Sie mit dem sogenannten Kressetest, einem Verfahren der Bioindikation: Geben Sie eine gute Hand voll Kompost in einen tiefen Blumenuntersetzer und feuchten Sie ihn an. Säen Sie Kresse darauf und decken das Saatgut mit einer dünnen Frischhaltefolie ab, die Sie nach dem Keimen entfernen. Der Kompost ist reif, wenn die Kresse rasch keimt und nach wenigen Tagen schon satt grüne Pflänzchen in der Schale stehen. Schlechte Keimung und mickerige gelbe Pflänzchen weisen darauf hin, dass der Kompost noch nicht ausreichend von Mikroorganismen zersetzt ist.

Wurmkompost

Kompostwürmer sind fleißige und effektive Helfer zur Volumenreduzierung von Mist. Sie gehören zu einer komplexen Lebensgemeinschaft organisches Material zersetzender Organismen: Bakterien, Pilze, weitere Einzeller, Springschwänze, verschiedene Bodenmilben, Ringelwürmer und Kompostwürmer. Bei der Wurmkompostierung kommt es zu einer Volumenreduzierung von rund 50 %. Der Misthaufen wird dazu nach der Heißrotte mit rund 1 000 Würmern je m³ Mist beimpft. Bevor der Mist abgefahren wird, schaufelt man die oberen 20 cm weg, in denen sich die Würmer vorwiegend aufhalten. So ist eine Ersatzanschaffung überflüssig. Leistungsfähige Kompostwürmer wie Eisenia hortensis und Eisenia foetida gibt es im Versandhandel. Das Verfahren ist für viele kleinere Pferdehalter interessant, weil es keine befestigte Mistplatte erfordert. Allerdings muss die Anlage einer solchen Kompostfläche nach den sehr unterschiedlichen Anforderungen der Landratsämter erfolgen. Auf diese Weise kann aus Pferdemist wertvoller organischer Dünger produziert werden. Wurmkompost, der ohne gelenkte Intensivrotte hergestellt wurde, ist nicht zur Düngung von Futterflächen geeignet, da Parasiten und pathogene Keime nicht ausreichend abgetötet wurden!

Leben in der Gruppe

Lebensraum Pferdeherde

„Die Kenntnis der Tiere ist eine Voraussetzung für die Selbsterkenntnis des Menschen."

Bernhard Grzimek

Rangordnung im Gruppenlaufstall

Gruppenauslaufställe bieten Pferden ein annähernd vollständiges Umfeld zur Befriedigung ihrer Bedürfnisse. Für Pferdebesitzer und Stallbetreiber ist dies einerseits eine Chance, mit ausgeglichenen, zufriedenen und gut konditionierten Vierbeinern zusammenzuarbeiten. Andererseits fordert diese Haltungsform den betreuenden Menschen Sachkunde in Pferdeverhalten, Toleranz und manchen nicht zuletzt auch Mut ab. Im Laufstall ist die unter den Pferden meist in harmlosen Kabbeleien ausgemachte Rangordnung praktisch die „Betriebsverfassung". Die versorgenden Menschen und Pferdebesitzer müssen diese Rangordnung unabhängig von persönlichen Vorlieben für das eine oder andere Pferd und dessen Besitzer akzeptieren. Wird dieser Grundsatz missachtet und werden rangniedere Pferde innerhalb der Stallgemeinschaft bevorzugt behandelt, kann es zu Sanktionen ranghöherer Tiere gegenüber den bevorzugten Tieren und deren Bezugspersonen kommen. Dieser Tatsache sollten sich alle bewusst sein, die einen Gruppenlaufstall betreten.

Besitzer von Boxenpferden können die Rangstellung ihres Pferdes nur schwer einschätzen. Meist hat sich der Vierbeiner mehr oder weniger gut mit dem durch Gitterstäbe getrennten Nachbarn arrangiert. Selbst wenn das Pferd sich in der Reithalle oder auf dem Turnierplatz mit angelegten Ohren, angedrohtem Beißen oder mit Schlagen auf andere Pferde reagiert, kann dieses auf uns dominant wirkende Gebaren ein Zeichen von Unsicherheit eines rangniederen Pferdes sein. Souveräne, führungsstarke Tiere benötigen dagegen nur kleine Gesten, um Artgenossen auf Abstand zu halten oder in ihre Nähe einzuladen. Auch durch die gründliche Beobachtung einer Herde ist es nicht immer möglich, eindeutige und serielle Rangfolgen der Herde zu definieren, weil besonders an der Spitze kleine, komplizierte Beziehungsgeflechte zu einer gewissen „Arbeitsteilung" zwischen eng befreundeten Wallachen

> **Wichtig!**
> Die Herde ist der sichere Rahmen für Pferde – egal an welcher Stelle der Rangordnung sie stehen.

Aggressionsverhalten Fehlanzeige: freundliches Interesse am neuen Nachbarn.

und Stuten führen. So kann manchmal sogar das rangniederste Pferd unter dem besonderen Schutz des Herdenchefs stehen und das Futter mit ihm teilen. Pferde werden wie wir Menschen nicht nur durch unsere genetische Herkunft geprägt, sondern in hohem Maße durch die Erlebnisse in der Jugendphase. Die Fohlen von ranghohen Stuten werden in eine höhere Stellung innerhalb der Herde hineingeboren und durch mutiges und souveränes Verhalten ihrer Eltern ebenso geprägt, wie die Nachkommen rangniederer Stuten eher das ängstliche und weichende Verhalten ihrer Eltern übernehmen. Die „klügsten", mutigsten und durchsetzungsfähigsten Pferde übernehmen in der Regel die Herdenführung und sorgen für Ruhe und Ordnung unter den Mitgliedern. Führt ein schwächeres, deutlich mit der Rolle überfordertes Pferd eine Gruppe an, sind Unruhe und häufige Streitereien auf den „billigen Plätzen" zu beobachten.

Gruppen harmonisch zusammensetzen

Die ideale Gruppengröße ist von verschiedenen Rahmenbedingungen abhängig. In der Natur besteht eine typische Haremsherde aus fünf bis zwanzig Tieren – einer oder mehrerer Stuten mit ihren Nachkommen und einem Hengst. Je kleiner eine Herde in der Gruppenhaltung ist, umso stabiler sollte sie sein, denn Zu- und Abgänge führen zu deutlich mehr emotionaler „Bewegung" innerhalb der Herde als in größeren Gruppen, und anders als in Wildpferdeherden finden sogenannte Zwangsvergesellschaftungen statt, was nichts anderes bedeutet, als dass Pferde sich in Wohngemeinschaften integrieren müssen, in denen sich möglicherweise nur wenige Tiere finden, die ihnen sympathisch sind.

Entsprechend berichten erfahrene Laufstallbetreiber, dass eine Eingliederung mit steigender Gruppengröße immer einfacher zu handhaben ist und ab 25 Pferden aufwärts kaum Probleme aufwirft. Kleine und stabile Herden sind dagegen eher in privaten Haltungen anzutreffen als in einem Pensionsbetrieb.

Eine harmonische Herde besteht aus mehreren stabilen Zweier- und Dreierbeziehungen. Die Intensität von Pferdefreundschaften sollte nicht

Rangordnung bestimmen

Selbst Verhaltensbiologen tun sich schwer, Faktoren und deren Wechselwirkungen, die die Rangordnung einer Pferdeherde bestimmen, genau zu definieren. Größe, Gewicht und Alter eines Pferdes mögen Einfluss auf seinen Rang haben, aber kein Faktor allein ist ausschlaggebend dafür. Temperament und die individuelle Erfahrung eines Pferdes, nicht zuletzt an der Seite einer ranghohen oder rangniederen Mutter, mögen ausschlaggebend für den Rang eines Tieres sein. Auch die Kampf- und Konfliktbereitschaft, Aggressivität und das Selbstvertrauen eines Tieres haben Einfluss auf seinen Rang. Während es relativ einfach ist, ranghohe Tiere zu identifizieren, ist eine lineare Einordnung in den „unteren Etagen" nahezu unmöglich.

Die häufigsten und ausdauerndsten Rangordnungskämpfe finden in der mittleren Hierarchieebene statt. Dabei sind die meisten Kämpfe ritualisierte Auseinandersetzungen, die selten bis zu Ende ausgetragen werden. Im Verhaltensrepertoire greifen

Das sogenannte Unterlegenheitskauen ist ein Beschwichtigungsverhalten, das vor allem Fohlen gegenüber erwachsenen Tieren zeigen.

Pferde in Rangordnungsfragen auf Angriffs-, Flucht- und Beschwichtigungsverhalten zurück. Bei allen Verhaltensweisen, die der Klärung der Rangordnung dienen, hat der weitaus größte Anteil sozialer Interaktionen bindende Funktion.

Mit kleinen harmlosen Stänkereien testen junge Pferde in der Flegelphase ihren Marktwert.

unterschätzt werden. Manche Bindungen unter Einzeltieren sind so intensiv, dass beim Umzug oder Tod eines Tieres, das zurückgebliebene Pferd über lange Zeit trauert oder durch den Verlust des Freundes erkrankt. Pferdefreunde geben dem einzelnen Tier den emotionalen Halt, während der Mensch – das sollten wir uns bewusst machen – lediglich das Pferdeleben finanziert, für nette Abwechslung im oft reizarmen Alltag sorgt, manchmal aber auch mit seinen Erwartungen und Leistungsanforderungen ein Stressfaktor im Pferdeleben ist. In einer kleinen Gruppe wird durch Veränderungen der Zusammensetzung das Freundschaftsgeflecht empfindlicher gestört als in einer großen Gruppe, wo sich leichter wieder ein passender Kumpel findet, der über den Verlust hinwegtröstet.

Vor allem im Pensionspferdebetrieb, wo häufiger ein Zugang oder Abgang in der Gruppe ansteht, ist die Integration und das Knüpfen von Freundschaften unter Einzeltieren einfacher, je größer die Gruppe ist. Für das friedliche Auskommen untereinander ist die Rasse oder Größe von untergeordneter Bedeutung.

In gemischten Herden aus Wallachen und Stuten und unterschiedlicher Rassen sollten die Tiere mit dem größten Bedürfnis auf Individualdistanz bestimmend für die Belegungsdichte sein. Die mancherorts praktizierte „Offenstopfhaltung" ist keine Alternative zur Boxenhaltung, da das größere Bewegungsangebot durch Sozialstress in der Gruppe teuer erkauft wird. Vor allem rangniedere Tiere gehen in einer solchen Haltung regelrecht unter. Eine geringere Individualdistanz ist bei nordischen Pferderassen zu beobachten, wobei

Nordländer mit hohem Kuschelbedürfnis.

Rassismus – ein Pferdeproblem?

Manchen Pferderassen wird immer wieder Rassismus vorgeworfen. Dabei berichten besonders rassefixierte Pferdebesitzer gerne von rigoroser Ausgrenzung von fremdrassigen Einzeltieren, die in eine weitgehend homogene Herde kommen.

Fakt ist, Pferde sind grundsätzlich keine Rassisten. Weder die Größe, die Farbe, das Geschlecht oder der Pferdetyp (Nord/Süd) spielen eine Rolle, ob Pferde sich mögen und tolerieren.

Zu beobachten ist allerdings, dass Pferde, die wenig oder keine Herdenerfahrung haben, sich Artgenossen gegenüber unklar ausdrücken, deren Körpersprache falsch interpretieren und aufgrund eines geringen Selbstbewusstseins bei Unterschreitung ihrer Individualdistanz schnell und aggressiv reagieren, sehr viel häufiger von einer gut eingespielten Herde ausgegrenzt werden als souverän agierende Pferde.

Auch Pferde, die aus einer Herdenhaltung kommen, in der Futtermangel oder zu wenig Fressplätze einen täglichen Kampf ums Futter zur Folge haben, lassen sich in einer Herde mit ihrem tief verwurzelten Futterneid und Aggressionsverhalten an Raufe oder im Fressständer nur schwer integrieren. Rassespezifisch sind diese Probleme sicher nicht.

Ob Pferde in eine Herde passen, hängt vielmehr von deren individuellem Bewegungsbedürfnis oder ihrer Individualdistanz ab.

die individuellen Bedürfnisse auch hier zwischen den Einzeltieren schwanken. Unter diesen Pferden kann auch eine große Gruppe (von deutlich mehr als 25 Pferden) bei großzügigem Platzangebot gut handelbar sein.

Macht die Gruppengröße eine Teilung der Herde notwendig, ist es sinnvoll bei einer gleichmäßigen Belegung Stuten und Wallache zu trennen. In einer gemischten Herde ist ein ausgeglichenes Verhältnis von Stuten und Wallachen sinnvoll, ein Überhang von Wallachen ist besser zu vermeiden. Sehr hengstige Wallache und so genannte Reithengste sind am besten in reinen Wallachherden aufgehoben. Rossige Stuten würden die Wallache in einer gemischten und so ungleich verteilten Herde stimulieren und unter den männlichen WG-Bewohnern zu ständigen Reibereien führen. In kleineren Laufställen und privaten Pferdehaltungen ist weniger die optimale Zusammensetzung der Geschlechter als die optimale Größe der Herde eine Herausforderung. Da Einzelhaltung aus Tierschutzgründen nicht infrage kommt, muss zur Gesellschaft wenigstens ein weiteres Pferd oder Pony kommen. Esel, Ziegen oder Alpakas sind keine adäquate Gesellschaft für Pferde und Ponys.

Esel sind vor allem in feuchtkalten Klimazonen nicht robust genug und brauchen permanenten Witterungsschutz. Das Interesse von Eseln an Pferden ist meist gering, besser ist es, zwei Esel zu halten. Esel müssen auch als Beisteller für den sicheren Umgang konsequent erzogen werden. Außerdem zeigen sie mehr Verteidigungs- als Fluchtverhalten vor allem gegenüber Hunden, kleineren Tieren und Kindern. Selbst Maultieren (Mulis) und Mauleseln ist dieses Verhalten zu eigen. Somit sind sie wiederum als Herdenschutz gegen wildernde Hunde geeignet, wenn innerhalb einer Pferdeherde ihr Bedürfnis nach gleichartiger Gesellschaft befriedigt und ausreichend Wetterschutz geboten wird. Die Esel-Pferde-Mixe zeigen sehr individuelle Vorlieben für die

Diese beiden Oldies beobachten gelassen das Treiben der jüngeren Herdenkollegen.

eine oder andere Art und eignen sich damit bedingt für die Vergesellschaftung mit Pferden. Gegen gemischte Herden verschiedener Tierarten ist nichts einzuwenden, wenn das Gesundheitsmanagement so ausgelegt ist, dass die Tiere sich nicht mit tierartunspezifischen Krankheiten oder Erregern gegenseitig anstecken können. Werden Pferde in einer Zweiergruppe gehalten, fangen manche Tiere an zu kleben. Bei Ausbruchsversuchen des zurückgebliebenen Pferdes werden der Einzelausritt, ein Lehrgangbesuch oder die Reitstunden zum nervigen Stresstest für den Halter. Bis zu einer Gruppengröße von sechs Pferden ist bei einer ungeraden Zahl fast immer ein „fünftes Rad am Wagen" zu beobachten.

Die Altersstruktur einer Herde sollte bei der Zusammenstellung im Auge behalten werden. Ganz alte Pferde und eingeschränkt nutzbare Ruheständler haben ein größeres Ruhebedürfnis, vor allem wenn alters- oder verschleißbedingte Zipperlein plagen. Gesunde Wallache spielen dagegen oft bis ins hohe Alter sehr ausgiebig miteinander. Junge Pferde sollten bis zum Ausbildungsbeginn Spielkameraden in ihrer Alters-, Größen- und Gewichtsklasse geboten bekommen. Diese finden sie am besten in Jungpferdeherden, die vom Absetzer zwischen sechs und neun Monaten bis zur Kastration der jungen Hengste in getrennt geschlechtlichen Herden gehalten werden. Führungsstarke fitte Rentner sind in solchen Herden ein Gewinn für die soziale Entwicklung. Vor allem gut sozialisierte, gesunde Hengste im Ruhestand finden in Boygroups so noch eine sinnvolle Aufgabe in der Erziehung der Youngsters und selbst gute Unterhaltung.

Mit Erfolg eingliedern

Die Eingliederung von Einzeltieren in bestehende Herden erfordert vom Stallbetreiber besondere Sachkenntnis über das Verhalten und die bestehende Rangordnung der Herde, Pferdeverstand und ein einfühlsames Händchen für Pferde und deren Besit-

Einsam unter Andersartigen. Um ein weiteres Pony kommt diese Gesellschaft nicht herum.

Vor dem Almauftrieb klären rund zehn Deckhengste im Tal innerhalb einer guten Stunde die Rangordnung und vermeiden so Kämpfe im alpinen Gelände.

zer. Hier ist die Sachkunde entscheidend dafür, ob sich Pferde und Menschen in der neuen Herde wohlfühlen. Je erfahrener ein Pferd mit dem Leben innerhalb eines Herdenverbandes ist, umso unkomplizierter verläuft normalerweise die Eingliederung. Das Tier ist selbstbewusst in dem Sinne, dass es relativ schnell einen seinem Wesen angemessenen Platz innerhalb der Rangordnung der neuen Herde finden wird. Je weniger Herdenerfahrung ein Pferd schon in der Aufzuchtphase und später in Boxenhaltung sammeln konnte, umso behutsamer und langsamer muss die Eingliederung erfolgen. Somit sind zwischen einer Crash-Eingliederung im Hauruckverfahren – Tor auf, Pferd rein,

fertig – bis zur langfristigen „Kuscheleingliederung" alle Varianten möglich. So mancher zaghafte Pferdebesitzer sollte sich deshalb die Gepflogenheiten verschiedener Pferdenationen ansehen, um seine Angst um das eigene Tier abzubauen: In den Alpenländern werden sich völlig fremde Stuten mit Fohlen aber auch Jungtiere für wenige Monate auf die Almen getrieben, um dort in großen verstreuten Gruppen die kurzen Sommermonate zu verbringen. Auch Deckhengste gehen nach einer Hauruck-Zusammenführung zusammen auf solche Sommerweiden. Eine Anekdote aus früheren Jahren zeigt, dass gut sozialisierte Tiere sich auch in der Fremde unter ihresgleichen relativ sicher bewegen können: Auf den frühen Islandpferdeturnieren gab es statt Einzelpaddocks lediglich zwei Weiden, auf denen sich die teilnehmenden Pferde aufhalten konnten. Sich vollkommen fremde Stuten auf der einen und Wallache und Hengste auf der anderen Weide lebten ein Wochenende zusammen auf engem Raum.

Vor allem Pferdebesitzer, die planen, ihrem Vierbeiner einen Ruhestand in der Herde zu gönnen, sollten sich ernsthaft fragen, wieso erst dann?! Schließlich birgt die Haltung in einem pferdegerechten Umfeld keine größeren Gefahren für die Leistungsfähigkeit des Tieres als die Haltung in einer Box. Letztendlich gewöhnt sich ein jüngeres Pferd aber leichter an ein verhaltensgerechtes Umfeld und dankt die Befriedigung seiner Grundbedürfnisse mit Gesundheit und Leistungsbereitschaft.

Der Stallbetreiber sollte vor dem Einzug des Neuankömmlings vom Besitzer in einem Vorgespräch ehrliche! Auskunft über die Herkunft, die vorausgegangenen Haltungsbedingungen, Weidegang in der Gruppe oder Einzelauslauf, Aufzuchtbedingungen, Rang in einer alten Herde, Kastrationsalter bei Wallachen und Informationen zum Charakter und Verhalten des Pferdes gegenüber Artgenossen erhalten. Vor allem spätkastrierte, sehr hengstige Wallache oder Stuten mit Rosseproblemen verursachen Unruhe in der neuen Herde, wenn der Stallbetreiber nicht ehrlich darüber informiert wird und entsprechend vorausschauend bei der Integration des Pferdes darauf reagieren kann. Auch frisch kastrierte Wallache können erst nach etwa einem Vierteljahr in eine gemischte Herde eingegliedert werden, weil so lange „Bedeckungen mit Folgen" möglich sind. Es ist generell sinnvoll, solche Jungs mit einem ausgesprochen hengstigen Verhalten in einer reinen Wallachherde unterzubringen.

Scheinattacken und kleinere Zankereien sind während der Eingliederungsphase normal und bei ausreichend Platz zum Ausweichen normalerweise folgenlos.

Kommen mehrere Pferde gleichzeitig in eine bestehende Gruppe, verteilt sich die Aufmerksamkeit und mögliches Aggressionsverhalten der Pferde auf mehrere Neuankömmlinge. Einzeltieren ist mehr Zeit zu lassen, von einer Eingliederungsbox aus mit den neuen Herdenmitgliedern Kontakt aufzunehmen und die Lage zu sondieren. Bei der Eingliederung in große Herden ist meist einfacher und schneller ein guter Kumpel für das neue Pferd gefunden. In kleinen Gruppen kommt die Rangordnung durch einen Neuzugang dagegen möglicherweise gehörig ins Wanken.

Damit das neue Pferd von Anfang an am Herdenleben teilnehmen kann, sollte der Eingliederungsbereich nicht in einer abgelegenen Ecke des Ruhebereichs eingerichtet werden, sondern den Kontakt in der Ruhezone und im Auslauf ermöglichen. Die Integrationsbox muss so groß sein, dass der Neuling sich vor neugierigen Köpfen oder aggressiven Drohgebärden jederzeit zurückziehen kann. Eine Litze mit Strom kann feste, verletzungssichere Abtrennungen nicht ersetzen, weil die Drohungen und Scheinangriffe anfangs recht heftig, aber meist folgenlos sind.

Eingliederungen verlaufen in den Sommermonaten meist unproblematischer, weil, anders als im Winter, mehr Platz auf Ausläufen und Koppeln und somit bessere Ausweichmöglichkeiten zur Verfügung stehen. Auch wird das Futter im Winter in den meisten Ställen rationiert und auf engem Raum angeboten, so dass durch Futterneid zusätzlicher Stress entstehen kann. Für Raufutter sollten grundsätzlich eine bis zwei Futterstellen mehr als Pferde zur Verfügung stehen, so dass rangniedere und neue Pferde jederzeit fressen können. In Ställen, die üblicherweise sehr rest-

Integrationsboxen mit sicherem Ausgang über den Futtertisch, Integrationspferd und neugierigen Herdenmitgliedern.

Zentrale Lage

Die Integrationsbox liegt im Idealfall so, dass sie dem Pferd Ausblick in den Ruhebereich und den Auslauf gewähren kann. Sie sollte so groß sein, dass das neue Tier sich bei Zudringlichkeit der Herdenmitglieder zurückziehen kann. Die Abtrennung muss so konzipiert sein, dass die Pferde sich beschnuppern können aber keinen Ganzkörperkontakt haben.

Bei Panelboxen ist es sinnvoll den unteren Bereich mit Brettern zu verschließen um ein Schlagen durch die Gitterstäbe hindurch zu verhindern. Idealerweise ist die Eingliederungsbox so gelegen, dass Besitzer und Betreuer das Pferd herausnehmen können, ohne durch die anfangs zudringliche Herde zu gehen, die den Neuling bedrängt.

riktiv füttern, ist es sinnvoll, mehr Raufutter an verschiedenen Stellen anzubieten. Damit dämmen Sie Aggressionsverhalten durch Hunger ein. Durch zusätzliche Bewegungsanreize kommt es außerdem zu weniger Auseinandersetzungen. Hier sind Bewegungsställe im Vorteil, die eine computergesteuerte Fütterung bieten. Im geschützten Raum der Abruffutterstation mit Nachlaufsperre lernen auch neue Pferde sehr schnell, dass sie ihre Mahlzeit nicht gegen neidische Herdenkollegen verteidigen müssen. In der Eingewöhnungsphase müssen aber die Neulinge für einige Zeit im wahrsten Sinne des Wortes an die Hand genommen werden.

Integrationshelfer und Notausgänge

Viele Eingliederungen erfolgen mit Pferden die wenig oder keine Erfahrung mit einem Leben in der Herde haben. Auch Jungpferde haben heute nicht immer das Glück bis zum Beginn der Ausbildung in der Herde zu leben. Umso behutsamer muss die Integration solcher Tiere erfolgen. Allein der Stallwechsel, die Futterumstellung und die Vielzahl neuer Pferde, die sich plötzlich ungehindert bis an den Integrationsraum bewegen und Körperkontakt aufnehmen können, bedeuten Stress für den Neuan-

Entspannt ankommen: Hier ist so viel Kontakt möglich, wie das neue Pferd möchte.

kömmling. In den ersten Tagen sollte das Tier deshalb noch mit Raufutter aus dem Ursprungsstall gefüttert und nicht unter dem Sattel gearbeitet werden. Erkunden Sie mit dem Neuankömmling in Ruhe an der Hand die Reitanlage und lassen sie dem Bewegungsdrang auf einem Nachbarpaddock oder einer an die Herde angrenzenden Koppel freien Lauf. Bewegung ist auch bei Pferden eine Möglichkeit Stress abzubauen und jeder Stall- oder gar Stallsystemwechsel bedeutet für die meisten Pferde Stress. In den ersten Tagen gilt es, den Neuankömmling und seine Kontakte aus der Eingliederungsbox heraus zur neuen Herde genau zu beobachten. Die ranghohen werden vermutlich schnell das

Pferde die mit sich und ihrem Menschen im Reinen sind, folgen motiviert.

Interesse am Neuling verlieren, die rangniederen Tiere eher aggressiv auf Annäherungsversuche reagieren. In den ersten Tagen wird sich aber vielleicht schon das eine oder andere Pferd finden, dass sich dem Neuen gegenüber freundschaftlich verhält, zum Ruhen oder Schlafen vor der Eingliederungsbox steht oder Versuche der Fellpflege unternimmt. Solch ein Pferd eignet sich ebenso wie der Herdenchef für erste gemeinsame Erkundungsgänge durch den neuen Stall, wenn der Rest der Herde sich auf einem abgetrennten Auslauf oder der Koppel befindet. Bei der Umstellung von der Box-/Paddockbox in den Laufstall muss das Pferd sich auch mit neuer Stalltechnik auseinandersetzen: Tränken, Fressständer, Heu- und Kraftfutterautomaten, transpondergesteuerte Tore, der Ruhebereich und der Auslauf mit Strukturelementen, unterschiedlichen Untergründen, Kratzbürsten und „Spielgerät" wollen in Ruhe entdeckt und ausprobiert werden. Nach mehreren Tagen kann das Pferd für einige Zeit in die Gruppe. Spätestens wenn das Tier erste Erschöpfungserscheinungen zeigt, sollte es wieder in einen separaten Auslauf oder auf eine abgeteilte Koppel zurückgebracht werden. Ganz unterschiedliche Erfahrungen haben die Betreiber von Bewegungsställen. Während die einen für das erste Zusammenkommen den Auslauf vorziehen, plädieren andere für weitläufige Weiden. Hier sind im Zweifelsfall die räumlichen Gegebenheiten entscheidend. Sackgassen und Engstellen dürfen in keinem Fall zugänglich sein.

In der Herde ankommen

In der letzten Phase der Integration lässt man die Pferde zusammen. Während der Phase der Eingliederungsbox können Pferdebesitzer und Stallbetreiber beobachten, wer von den Herdenmitgliedern möglicherweise der neue Freund und somit idealer Integrationshelfer sein wird. Während der Rest der Herde auf die Koppel geschickt wird, kann das neue Herdenmitglied mit dem möglichen Freund ersten barrierefreien Kontakt aufnehmen und den Stall erkunden. Später kommt der Neue in Abwesenheit der Herde mit dem Leittier zusammen, der den Neuzugang „einnordet". Während Wallache in der Rolle des „Leithengstes" in einem neuen Wallach zuerst weniger Freund als einen potentiellen Konkurrenten vermuten und die Kräfte im sportlichen Kampf gemessen werden, geht es bei neuen Stuten um die Eroberung durch männliche WG-Mitglieder.

Eine Neueingliederung bedeutet für alle beteiligten Pferde Stress. So sollten auch die Besitzer die Leistungsansprüche für die ersten Tage zurückschrauben. In dieser Zeit ist die Herde bereits von sich aus viel in Bewegung. Die Stimmung in der Herde beruhigt sich jedoch bald, so lange der Neuling und die alten Herdenmitglieder ihre Individualdistanz respektieren.

Mit oder ohne Eisen

Die Frage ob Hufeisen in Bewegungsställen etwas zu suchen haben, entzweit die Reiterwelt. Hier gilt es grundsätzlich abzuwägen: In Ställen mit großem „Durchgangsverkehr", weniger Herden erfahrenen Tieren und entsprechender Unruhe ist die Gefahr von Schlagverletzungen größer und wenigstens auf Hintereisen sollte verzichtet werden. Ist die Herdenzusammensetzung stabil und die Tiere gut sozialisiert, ist ein Rundumbeschlag oftmals kein Problem. Verletzungsträchtig sind Engstellen, knappe Fressplätze oder zudringliche Stuten und sehr hengstige Wallache, die regelmäßig decken. Grundsätzlich sollte der Stallbetreiber eine feste Regel für den maximal zulässigen Beschlag formulieren. Sind Eisen grundsätzlich gestattet, sollten Pferdebesitzer auf Stollen verzichten oder lediglich Schraubstollen zum Reiten verwenden.

Erfolgreich ist die Integration, wenn

- das neue Pferd sich ruhig und entspannt innerhalb der Herde bewegt,
- regelmäßig und ohne Zögern Fressplätze und Tränken aufsucht oder Fütterungsstationen für Raufutter und Kraftfutter betritt,
- sich zum Schlafen in aufrechter Bauchlage und in Seitenlage für den wichtigen Tiefschlaf ablegt (Sicherheitsgefühl vorhanden),
- sich regelmäßig genussvoll und ausgiebig, komplett über den Rücken wälzt,
- bei sozialer Fellpflege und Kopf-an-Kopf-Fressen erste Freundschaftsbande knüpft,
- bei der Arbeit keine Anzeichen von Stress mehr zeigt, sondern in gewohnter Aufmerksamkeit und körperlicher Leistungsfähigkeit mitarbeitet.

Hinzu kommt, dass die Stuten einer Herde mit dem Zugang eines neuen Wallachs in die Rosse kommen und Wallache sich mit dem Einzug einer neuen Stute gerne gegenseitig imponieren und ihre Chance suchen. Schließlich steht für die Tiere jedoch an oberster Stelle, möglichst schnell die Rangordnung zu klären, um als harmonische Einheit wieder den „Gefahren des Alltags" trotzen zu können. Was uns – an dieser Stelle – rational denkenden Menschen abwegig erscheint, hat für Pferde oberste Priorität. Nur eine in sich geschlossene Herde, in der jedes Mitglied funktioniert, kann in der Wildnis überleben. Eingliederungen sollten immer mit ausreichend Platz zum Ausweichen für alle Beteiligten verbunden sein. Auch von den Menschen, die regelmä-

1

ßig im Stall tätig sind, ist erhöhte Aufmerksamkeit gefordert. Ein Pferd ist dann angekommen, wenn es sich sicher genug fühlt und zum Schlafen zwischen den anderen Tieren ablegt. Ist ein Tier mit der Eingliederung sehr gefordert, sollte es in der ersten Zeit die Nacht in der Eingliederungsbox verbringen um ausreichend entspannen zu können.

Die Eingewöhnungsphase kann für ein einzelnes Pferd zwischen einigen Wochen und mehreren Monaten dauern. Vor allem Besitzer von langjährigen Boxenpferden sind häufig frustriert, wenn ihr Pferd nach dem ersten Eingewöhnungstrubel von seinem Menschen erst mal nichts mehr wissen will. Aus Pferdesicht ist es verständlich: Der Umzug in einen Bewegungsstall mit Artgenossen ist wie ein Gang in die Freiheit, vor allem wenn es sich dort schnell wohl fühlt.

Die Grundbedürfnisse werden endliche gestillt und das Pferd hat praktisch alles, was es braucht. Dazu gehören von Natur aus keine Menschen – auch wenn sie es noch so nett meinen. In dieser Zeit ist es wichtig, dass der Mensch sich und seine Ansprüche an das Pferd zurücknimmt. Das Herausnehmen des Pferdes aus der Herde bedeutet für das einfach denkende Tier doch stets die Gefahr, seine Herde zu verlieren. Mit der Zeit wird sich das Verhältnis zwischen Mensch und Tier wieder normalisieren und

1 Auch nach wenigen Wochen ist das Integrationspferd immer noch interessant für den Rest der Herde.
2 Ohne Belästigungen lässt es sich bereits durch die Herde führen, ...
3 ... um sich in Anwesenheit des Herdenchefs (hier nicht zu sehen) auf einem getrennten Paddockbereich genüsslich zu wälzen.

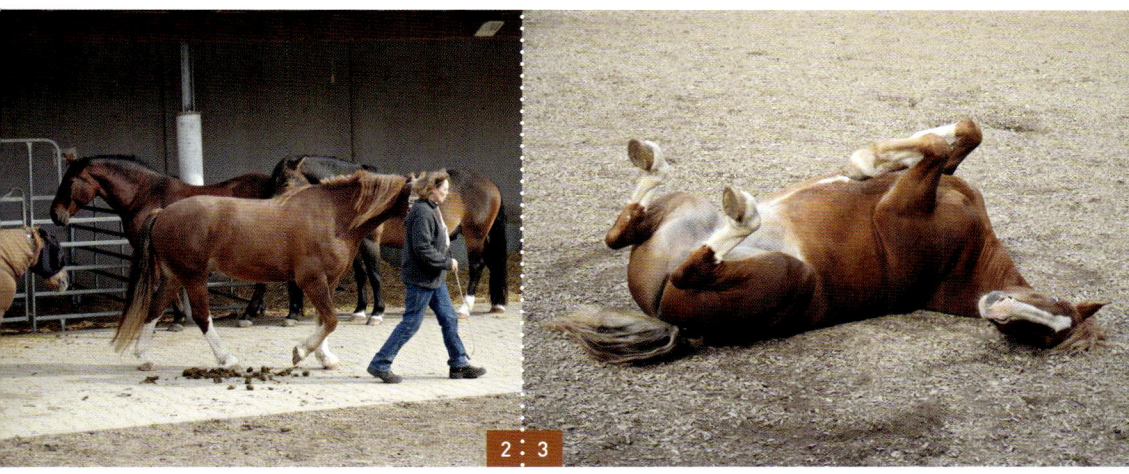

2 : 3

Lebensraum Pferdeherde

In dieser Herde ist vom Jährling über den Oldie, Freizeitpferde unterschiedlicher Reitweisen, Ponys, Warm- und Kaltblütern bis zu erfolgreichen Sportpferden der Klasse S alles vertreten.

der Mensch darf neben den Artgenossen seine Rolle als wichtige Bezugsperson des Pferdes wieder ausüben.

Die Dauer der Integration lässt sich nie im Voraus berechnen oder vorhersehen. Sie ist stark vom Individuum abhängig und richtet sich nach der Fähigkeit des jeweiligen Pferdes, sich auf die neue Situation einstellen zu können. Das Pferd muss ruhig und gelassen mit seiner neuen Situation umgehen, bevor der nächste Schritt eingeleitet wird. Eine vollständige Integration dauert je nach Pferd zwischen wenigen Wochen und einem Vierteljahr. Neun bis zwölf Monate dauert es, bis das neue Pferd einen festen Platz in der Rangordnung gefunden hat und sich mit der neuen Gesamtsituation arrangiert hat.

Ist der Laufstall für alle Pferde geeignet?

Die Frage, ob der Gruppenlaufstall grundsätzlich für jedes Pferd die optimale Haltungsform ist, muss man ganz klar mit Nein beantworten. So viel Ehrlichkeit ist an dieser Stelle angemessen. Allerdings lohnt sich für jedes Pferd der Versuch, vor allem für diejenigen, bei denen haltungsbedingt gesundheitliche Probleme oder Verhaltensauffälligkeiten den Pferdealltag und das Reiten erschweren.

Am schwersten werden es Pferde bei der Eingliederung in eine Herde haben, die von Fohlenbeinen an mit der Mutter allein und nach dem Absetzen schon früh in einer Einzelbox gelebt und nie einen Herdenverband erlebt haben. Diese Form der Jungpferdehaltung ist zwar per Richtlinie verboten, doch genießen leider noch immer nicht alle Pferde ihre Kindheit und Jugend in größeren Herdenverbänden wenigstens mit Gleichaltrigen oder besser noch in einer altersgemischten Herde auf weiten Flächen. Was Hänschen nicht lernt, lernt Hans einfach viel schwerer oder manchmal, so bedauerlich es ist, gar nicht mehr. Diese Pferde interpretieren die Körpersprache ihrer Artgenossen falsch und reagieren bei freundlicher Annäherung aus einer großen Unsicherheit und Angst heraus aggressiv. Ihre Individualdistanz ist größer als bei gut sozialisierten Pferden. Das Platzangebot, die Toleranz der Herde gegenüber solch Verhaltensauffälligen und die Geduld der Menschen sind bei solchen Pferden entscheidend ob eine Eingliederung in eine Herde langfristig erfolgreich ist. Man sollte sich im Klaren darüber sein, dass auch solche Pferde ein grundsätzliches Bedürfnis nach Gesellschaft, Schutz der Herde und sozialer Körperpflege haben. Es gilt ihnen einen Weg anzubieten, zuerst mit gutmütigen und nachsichtigen Artgenossen gute Erfahrungen zu machen und langsam das 1x1 der Pferdekommunikation nachzuholen.

Für solche Pferde ist es überaus wichtig, in sicherem Abstand Pferdegesellschaft zu erleben und wenigstens aus der Ferne dabei zu sein.

Andererseits gibt es auch Pferde, die durchaus in frühen Jahren oder ihr Leben lang in einer Herde gelebt haben und immer wieder durch Stänkerei, Gezicke oder handfestes Aggressionsverhalten in einer Herde auffallen. Hungererfahrungen und Stress in sogenannten Offenstopfhaltungen können Ursachen sein, wenn die Individualdistanz mit Zähnen und Hufen im Stall oder an der Raufe durchgesetzt werden. In Ställen, die aus Angst vor fütterungsbedingten Krankheiten sehr restriktiv füttern und obendrein lange Futterkarenzzeiten haben, ist oft sehr ausgeprägter Futterneid zu beobachten. Das Füttern an einer Gemeinschaftsraufe ist im Extremfall gar nicht mehr möglich, weil rangniedere Tiere außer Prügel nichts abbekommen. Hier kann eine rechtzeitige Änderung des Haltungsmanagements Abhilfe schaffen.

> **Diese Pferde nicht ...**
>
> Pferde, die nur für einen relativ kurzen Zeitraum auf einem Betrieb sind, eignen sich nicht für die Haltung in der Gruppe. Meist handelt es sich um Berittpferde, Tiere die in Kommission stehen oder bei denen es sicher ist, dass sie in naher Zukunft den Stall wieder verlassen.
>
> Meist haben diese Pferde mit den veränderten Bedingungen oder ungewohnten Leistungsanforderungen durch Beritt, Turniervorstellungen, Auktionsvorbereitungen und Probereiten durch eine Vielzahl unbekannter Menschen schon so viel Stress, dass sie zusätzlich mit einer Eingliederung in eine Herde völlig überfordert wären. Als Stallbesitzer macht man sich und seinen Einstellern keinen Gefallen, mit solch „durchziehenden" Pferden ständig neue Unruhe in eine bestehende Herde zu bringen, zumal die Eingliederung stets mit zusätzlicher Betreuungsarbeit verbunden ist. Diesen Pferden muss allerdings mehr als nur eine Box angeboten werden. Ein großer Paddock mit Sichtkontakt zu anderen Pferde und ausreichend Möglichkeit sich frei zu bewegen, hilft den Pferden, mit der ungewohnten und meist mit Stress verbundenen Situation besser zurecht zu kommen.

Allerdings gibt es auch Pferde, die mangels Auslastung oder aufgrund von Energieüberschuss den ganzen Tag auf Krawall gebürstet sind und unter ihren Herdenkollegen sticheln. Diese Pferde sind sicher in großen Herden besser aufgehoben, wo solche „Endlosspieler" immer einen Partner finden, der sich auf eine Rangelei einlässt. Ein Fragezeichen steht auch hinter Pferden, die aufgrund hormoneller Probleme starke Unruhe in eine Herde bringen. Dauerrossige Stuten, setzen Wallachen oft massiv zu in ihrem Wunsch gedeckt zu werden. Bei solchen Stuten sollte die Ursache nach Möglichkeit durch den Tierarzt ergründet und behoben werden, da sie auch in reinen Stutenherden Unruhe verursachen und Mitbewohnerinnen in der Rosse besteigen. Dagegen sind sehr hengstige Wallache in reinen Wallachherden meist gut aufgehoben, sofern sich nicht in unmittelbarer Nachbarschaft eine Stutengruppe befindet.

Bei Pferden mit starken körperlichen Handicaps wie Sehnenschäden, Hufrehe oder starker Arthrose muss im Einzelfall entschieden werden, ob eine Haltung in einer Herde zu verantworten ist. Grundsätzlich brauchen auch solche Pferde viel Bewegung und Kontakt zu Artgenossen. Übersteigt die Motivation zu Spiel und Bewegung aber die Fähigkeiten der Pferde kann sich die gesundheitliche Situation so verschlechtern, dass das Pferd möglicherweise wegen einem nicht mehr therapierbaren Schmerzgeschehen eingeschläfert werden müsste. Solche Pferde sollten in einer Zweiergemeinschaft oder mit ruhigen Artgenossen gehalten werden. Ein Sonderfall sind sehr alte Pferde. Oft dürfen Rentnerpferde nach Beendigung ihrer sportlichen Laufbahn noch für einige Jahre ihren verdienten Ruhestand in einer Rentnerherde verbringen. Wenn kein medizinischer Grund zu einer vorzeitigen Euthanasierung zwingt, können die Oldies ein hohes Alter erreichen: Großpferde erreichen 30 und mehr Lebensjahre, Ponys teilweise weit über 35 Jahre. Gute Haltungsbedingungen und die optimale Versorgung zögern die sichtbare Alterung hinaus. In ihrer Herde haben die Tiere meist bis kurz vor dem Tod einen festen Platz. In der freien Wildbahn ist das Sterben kein medizinischer Notfall sondern lediglich das Ende eines erfüllten Lebens. Die alten Tiere magern aufgrund abgenutzter Zähne, schwacher Verdauungsleistung und einer schlechter werdenden Organleistung zunehmend ab, bis sie so geschwächt sind, dass sie Opfer von Fressfeinden werden oder der Herde nicht mehr folgen können. Besonders augenscheinlich ist bei Näherrücken des natürlichen Todes das aktive Ausgrenzen des alten Pferdes durch Herdenmitglieder. Aus Pferdesicht ist dieses Ausgrenzungsverhalten richtig und wichtig, denn schwache Tiere in Herdennähe ziehen Fressfeine an, die auch dem Rest der

Ganz natürlich – Hengste in der Gruppe.

Gruppe gefährlich werden könnten. An dieser Stelle muss der Mensch eingreifen und den Oldie aus der Herde nehmen um ihn, seinem körperlichen Zustand entsprechend zu päppeln oder zu erlösen.

Hengste in der Herde halten

Leider verbringen die meisten Hengste ein Leben in Einzelhaft, obwohl sie sehr gut mit einem weiteren Hengst oder Wallach, manche auch in einer richtigen Männermannschaft, gut vergesellschaftet werden können. Dabei spielt es keine Rolle, ob der Hengst schon gedeckt hat.

1 „Zickenkrieg" in der Junghengstgruppe. Von einer guten Sozialisierung in der Herde profitieren die Pferde, egal ob als Wallach oder Hengst.
2 Dieser Hengst genießt noch für eine Weile die Gesellschaft einer von ihm tragenden Stute.

Für Hengste gibt es keine allgemeingültige Empfehlung. Manche sind in einer Herde richtig glücklich, anderen stehen ihre Hormone und ein geschlechtstypisches Dominanzverhalten gegenüber Artgenossen (und Menschen) so im Wege, dass es gefährlich wäre, solche Tiere in einer Herde zu halten.

Für Hengste im Deckeinsatz bewährt es sich, diese vor Beginn der Decksaison einzeln aufzustallen und dem Bewegungsbedürfnis durch Einzelweiden sowie dem Deckeinsatz angemessener Arbeit unter dem Sattel nachzukommen.

Haben sie ihre Arbeit im Dienste der Pferdezucht erfolgreich getan, können sie je nach Typ sofort oder nach einer angemessenen „Cooldown-Phase" zurück zu ihrem(n)

1 : 2

Partner(n). Wo geeignete Gesellschafter nicht zur Verfügung stehen, ist ein Hengst durchaus auch dankbar für Stutengesellschaft, die natürlich tragend – am besten von ihm selbst – sein sollte. Nicht alle Hengste dulden Stuten die „fremd" gegangen sind.

Mit der Entscheidung ob ein Hengst unbedingt Hengst sein muss, sollte sich der Besitzer jeweils sehr kritisch und verantwortungsvoll auseinandersetzen. So ist es grundsätzlich bereits schwer Pensionsställe zu finden in denen Hengste willkommen sind. Das Angebot an Pensionsplätzen für Hengste in Gruppenhaltung ist dagegen für gerittene Pferde völlig unbefriedigend. Leichter ist es im ländlichen Raum bei einem Hengstaufzüchter einen Platz zu finden, in der der Reithengst in seiner Freizeit die kleinen Jungs erzieht.

Neben dem Mangel an Pensionsplätzen in artgerechten Haltungssystemen für gerittene Hengste muss der Besitzer die weitreichende Frage nach der Unterbringung eines unkastrierten Gnadenbrotpferdes beantworten können. Diese haben praktisch überhaupt keine Aussicht auf einen Lebensabend in artgerechter Haltung. Während Zeit ihres Lebens im Bewegungsstall gehaltene Pferde auch im fortgeschrittenen Alter oftmals noch über eine solide körperliche Fitness verfügen, dürfte ein Hengst, der überwiegend in der Box gehalten wurde und nur wenig Auslauf genossen hat, im Ruhestand keinen Frieden in einer Junghengstherde finden. Hier wäre er vermutlich in kürzester Zeit „platt" gespielt. Entsprechend kritisch müssen sich die Halter einer zunehmenden Zahl von sogenannten Reithengsten die Frage gefallen lassen, ob sie ihren Hengst wirklich artgerecht halten können oder dem Tier nicht ein größerer Gefallen zu Teil würde, wenn sie kastriert und in der Herde gehalten werden. Schließlich bekommt ein Pferd auch durch sorgfältiges Training und gutes Reiten eine imposante Ausstrahlung.

Leistungssportler im Bewegungsstall?

Noch immer hält sich unter vielen (Sport-)Reitern und Pferdebesitzern hartnäckig die Ansicht, dass Bewegungsställe und großzügige Koppelaufenthalte unter Artgenossen besonders verletzungsträchtig seien. Dass dem nicht so ist, dürften praktisch alle Tierärzte bestätigen, die Pferde in Bewegungsställen betreuen. Der Sonderfall Hengst und die individuelle Entscheidung für die richtige Haltungsform wurde vorangegangenen Abschnitt ausführlich erörtert. Für gesunde Wallache und Stuten, die im

1 Stress, schlechtes Befinden oder mangelndes Vertrauen führen zu Widersetzlichkeit und Leistungsverweigerung.
2 Born to be free.

großen oder kleinen Sport gehen, gibt es jedoch kaum plausible Gründe, ihnen eine pferdegerechte Haltung vorzuenthalten. Den vermeintlichen Nachteilen stehen nicht nur viele Vorteile für das Pferd, sondern auch für den Reiter gegenüber: Die Pferde haben ohne großen Arbeitsaufwand durch Besitzer oder Stallmitarbeiter ausreichend Bewegung mit all ihren positiven Auswirkungen auf die Pferdegesundheit. Die Tiere sind ausgeglichen und finden durch zahlreiche Umweltreize rund um den Betrieb zu mentaler Stärke und Selbstbewusstsein, was vor allem im Turniergeschehen von großem Nutzen ist. Besonders von Sportpferden erwartet man Temperament im Sinne von hoher Eigenmotivation und Freude an der Bewegung. Es kann eigentlich nicht angehen, gerade solche Pferde für 22 Stunden am Tag in einer Box festzusetzen, um sie dann streng kontrolliert zu reiten oder in Bewegungsmaschinen aller Art zu stecken. Kein Wunder, dass diese – mit einem Überdruck wie ein Schnellkochtopf – lange brauchen, bis sie sich lösen und in dieser physiologisch heiklen Phase schon beim kleinsten Anlass explodieren. Mit einer entsprechend großen Verletzungsgefahr, denn der Bewegungsapparat ist bei Boxenpferden erst nach etwa einer halben Stunde

Aufwärmarbeit wirklich auf Betriebstemperatur und leistungsbereit! Pferde, die sich selbstbestimmt bewegen können, sind nicht kernig oder heiß, sondern motiviert und leicht zu reiten, weil sie ihren Kraft- und Energieüberschuss nicht in der kurzen Zeit unter dem Sattel loswerden müssen. Ritte auf solchen Pulverfässern sind auch für Profis ein erhebliches Sicherheitsrisiko und im Prinzip lebensgefährlich. Hier bleibt außerdem kaum mehr Raum für harmonisches Reiten mit feinen Hilfen.

Risiko Bewegungsstall?

Pferde, die sich wohlfühlen, sind leistungsbereit und motiviert. Beim Training muss ein Fell nicht fleckenfrei sein. Für eine erfolgreiche Trainingseinheit reicht es, die Sattel- und Gurtlage sowie den Kopf ordentlich vom Schmutz zu befreien, um Aufreibungen zu verhindern. Das bisschen Mehrarbeit sollte einem sein Pferd wert sein. Die für das Wohlbefinden wichtigen Putz- und Pflegearbeiten verrichten die Artgenossen sehr viel besser. Immer wieder müssen wir uns vor Augen halten, dass wir Menschen uns in völlig anderen Komfortzonen wohlfühlen, als Pferde sie wählen würden. Für die Gesundheit und Leistungsfähigkeit ist es jedoch entscheidend, was Pferde sich wünschen.

Sicher ist es richtig, die Haltung in der Gruppe nicht als völlig risikolos einzustufen. Die häufigsten Verletzungen sind jedoch unter der Rubrik „Schönheitsfehler" zu verbuchen: ein kleiner Kratzer, ein Biss oder selten eine kleine Fleischwunde. Meist sind kleine Kabbeleien mit Artgenossen die Ursache. Sportpferde sollten dann in eine Herde integriert werden, wenn klar ist, dass sie langfristig eine Bleibe im Stall finden. Leider werden gerade solche Pferde häufig von Stall zu Stall umgezogen oder wechseln Bereiter und Besitzer. Man mag sich als Pferdehalter kritisch fragen lassen, ob diese häufigen „Herdenwechsel", auch wenn sie hinter Gittern vollzogen werden, pferdegerechter sind als eine Integration im Bewegungsstall.

Schwere Unfälle treffen Pferde im Bewegungsstall kaum häufiger als Boxenpferde. Durch den guten Trainingszustand von Pferden aus Bewegungsställen verfügen diese sogar über ein besseres Körpergefühl und Trittsicherheit als Tiere, denen kaum mehr als das Laufen auf gepflasterten Stallgassen und ebenen Hallenböden abgefordert wird. Ein Absatz, eine Mulde oder ein Sprint über die Weide wirft solche Pferde nicht aus der Bahn. Wie viel schöner ist es dann zu sehen, wie lebenstüchtig unsere Pferde eigentlich sind.

Die Pferdeweide

Fitness im Freien

Die Weide ist entgegen häufig angetroffener Befürchtungen von Haltern gesunder Pferde kein gefährlicher oder gar feindlicher Lebensraum. Aus Angst vor Gesundheitsstörungen wie Hufrehe oder Koliken, aber auch möglichen Verletzungen des Bewegungsapparats durch „unkontrolliertes" Herumtoben und Ausleben des Spielverhaltens oder sozialer Kontakte, dürfen viele Pferde höchstens allein und bestenfalls für kurze Zeit auf die Weide. Doch seien Sie sich sicher: Das Steppentier Pferd hat in seiner kurzen Zeit als Haustier weder seine Fähigkeit noch sein Bedürfnis, auf Grasland zu leben, eingebüßt! Außerdem hat das tief verwurzelte Sozialverhalten der Spezies Pferd erst das Überleben in einer feindlichen, sich ständig ändernden Umwelt gesichert. Auf einer gut gepflegten Weide mit einem auf die Pferdeverdauung angepassten Futterangebot finden Pferde alles, was sie von Natur aus brauchen: Gemeinschaft, Futter, Ruhe und Schlaf im Schutz der Artgenossen sowie Bewegung. Die trainiert den Pferdeorganismus und trägt zur seelischen und körperlichen Regeneration bei.

Weiden sind Bewegungsraum und Futterflächen. Beides gleichzeitig ist nur realisierbar, wenn die Flächen ausreichend groß und der Herdengröße angepasst sind. Das Weidemanagement mit Nutzungsdauer, Ruhezeiten und Düngung richtet sich danach, ob die Flächen nur der Bewegung oder gleichzeitig der Futtergewinnung dienen. Auf reinen Bewegungsflächen muss weniger Rücksicht auf Narbenschäden und Unkrauteintrag genommen werden, sofern es sich um ungiftige Pflanzenarten handelt.

Internet-Suche Pferdeweide

Pferdeweide, Hufrehe, Grasarten, Verbiss, Trittschäden, Grünlanddüngung, Weidemanagement, Anweiden

Auf Futterqualität achten

Auf intensiv beanspruchten Flächen breiten sich zwangsläufig Gräser aus, die entsprechend robust sind und mit intensivem Tritt und Verbiss zurecht kommen. Diese Gräser gehören in der Regel zu den Arten, die höhere Fruktangehalte aufweisen und für Hufrehe mitverantwortlich gemacht werden. Auf stark beanspruchten Flächen braucht jedoch die insgesamt als Futter zur Verfügung stehende Grasmenge nicht überschätzt werden. Hier sollten Pferde nach einer Heumahlzeit aufgetrieben oder zugefüttert werden. Lediglich bei EMS- und Rehepferden ist große Vorsicht geboten. Ein Maulkorb kann bei stundenweisem Weidegang Sicherheit schaffen.

Die Weidehaltung wird von vielen Pferdehaltern aus Angst vor fütterungsbedingten Erkrankungen heute gefürchtet. Bei einem gutdurchdachten Weidemanagement und gesunden Pferden ist diese Angst jedoch nicht angebracht. Nur wenige Pferde mit problematischen Vorerkrankungen wie Hufrehe sollten nur stundenweise auf die Weide. Falscher Aufwuchs, Verunkrautung durch Über- oder Unterweidung, Giftpflanzen, ungeeignete Gräsermischungen, Überdüngung und Verkotung können die Pferdegesundheit in der Tat gefährden. Hier ist es am Menschen, kenntnisreich einen pferdegerechten Lebensraum zu gestalten und zu erhalten.

1 Fressen, Gesellschaft, Bewegung. Für Pferde ist die Weide eine Wellnessoase.
2 Wo Koppeln in der Anweidephase zu weit weg sind, kann auch mit Mähgut langsam an frisches Grün gewöhnt werden.

Richtig Anweiden
Um Pferde auf die Weidesaison umzustellen, ist es wichtig, die Verdauung der Tiere langsam an frisches Gras zu gewöhnen. Das Anweiden beginnt im Frühjahr vier bis sechs Wochen vor dem zu erwartenden Weideaustrieb (bei 24-Stunde-Weide), der bei Pferden nicht vor dem Einsetzen der Gräserblüte erfolgen sollte.

Zu Beginn bietet sich bei kleineren Pferdebeständen das Anweiden an der Hand mit einer Steigerung von fünf Minuten auf etwa eine halbe Stunde in den ersten zwei Wochen an. In der Folgewoche kann je nach Empfindlichkeit der Pferde und der Entwicklung des Grases in Zehnminuten- oder Viertelstundenschritten weiter gesteigert werden. Wichtig ist das Einhalten der maximalen Weidezeiten. Sinnvoll ist

Internet-Suche Pferdezäune

Weidezaun, Hütesicherheit, Pfosten, Kunststofftrittpfähle, Band, Leitfähigkeit, Niro-Leiter, Kupferleiter, Widerstand, Zaunverbinder, Zaunprüfer, Digitalvoltmeter, Winkelstahlpfahl, Metalleckpfähle, Weidezaungerät, Ladeenergie, Impulsenergie, Hütespannung, Elektrozaunrechner

Zauntechnik: Pferde sicher halten

Das Qualitätskriterium für Weidezäune ist die Hütesicherheit. Abgegraste Weiden und Matschkoppeln verstärken den Wandertrieb der Pferde. Ein einzelnes zurückgebliebenes Pferd oder fremde Pferde hinter dem Zaun lassen die Hemmschwelle sinken, sich auch für einen ordentlichen Stromschlag anderen Tieren anzuschließen. Rossige Stuten stehlen sich mit einem Hengst in der Nase ebenso zielstrebig und erfolgreich aus einer Koppel davon wie Hengste dies tun. Verschiedene Umweltreize können unerfahrene Pferde in Panik versetzen und zur Flucht veranlassen.

Während der Straßenverkehr und Menschen vor freilaufenden Pferden geschützt werden müssen, sollte ein Weidezaun die Pferde ebenso vor ungebetenen Eindringlingen – Menschen,

es, wenn die Pferde zu einer festen Zeit wieder im Stall sind. So können vor allem gerittene Pferde im Pensionsstall zuverlässig auf Grünfutter umgestellt werden und zu den Reitzeiten ihren Besitzern zu Verfügung stehen. Je nach Futterangebot steigern Sie die Weidezeit in den ersten Wochen auf vier bis sechs Stunden. Wenn Koppelgang nicht möglich ist, muss frisches Gras verfüttert werden, da ein plötzliches Weglassen ebenso zu Verdauungsstörungen und Koliken führen kann wie ein plötzliches Überangebot. Gemähtes Gras kann rund einen Tag lang bei kühler und schattiger Lagerung verfüttert werden. Wer das Anweiden seinen Einstellern überlässt, muss einen verbindlichen Weideauftriebstermin bekanntgeben, der für jede Witterung gilt. Den Pferdebesitzern muss die Notwendigkeit des sorgfältigen Anweidens vermittelt und zur Hilfestellung ein Plan an die Hand gegeben werden.

Vorsicht Stacheldraht!

Stacheldrähte sind als alleinige Begrenzung für Pferde ungeeignet bzw. verboten, da sie in Panikreaktionen der Fluchttiere ein erhebliches Verletzungsrisiko darstellen. Stacheldrähte müssen durch deutlich sichtbare, stromführende Litzen oder Bänder gesichert werden. Ein innen verlaufender Zaun im Abstand von 50 Zentimetern ist dabei angemessen. Stromführende Bänder und Litzen zwischen dem Stacheldraht haben aus Tierschutzsicht auch vor Gericht keinen Bestand.

Hunden oder jagenden Wildtieren – schützen können. Feste Zäune sind im Außenbereich nur privilegierten Landwirten vorbehalten. Auch in Landschafts- und Naturschutzgebieten gelten strenge Regeln für den Zaunbau. Hier darf man nur mobile Zäune während der Weidesaison aufbauen.

Für die richtige Zaunhöhe gibt es lediglich Empfehlungen, die denen von Paddockabgrenzungen entsprechen (siehe Seite 90). Feste Zäune aus Holz, Metall oder Kunststoff sind kostspielig, relativ langlebig, sehr stabil und für Pferde gut sichtbar. Sie sollten ins Landschaftsbild passen. Die höchste Lebensdauer haben Rohrzäune, außerdem Zäune aus (Recycling)kunststoff. An stark befahrenen Straßen bieten blaue Wildwarnreflektoren an den straßenseitigen Pfosten Pferden nachts eine zusätzliche optische Begrenzung.

Bänder, Kordeln, Seile, Litzen
Während an Zäunen in Hofnähe Bänder zur Querabtrennung eine gut sichtbare Dauerlösung darstellen, sind bei mobilen Zäunen in der Praxis Seile, Kordeln oder Litzen praktikabel. Bänder sind für Pferde am besten sichtbar, aber sehr windempfindlich und neigen bei Schnee und Eis zur Brückenbildung mit Stromverlust an den Pfosten. An Verbindungsstellen wie Toren oder zwischen verschiedenen Flächen muss der Stromfluss durch Verwendung von speziellen Breitbandverbindern gewährleistet sein.

Teilen sich große und kleine Tiere die Weide, muss der Zaun jeder Größe gerecht werden.

Empfohlene Litzen- und Bandhöhen

Kleinpferde/Ponys	Großpferde
120 cm	140 cm
75 cm	95 cm
45 cm	50 cm

1 Besser so …
2 … als so!

Gute Seile und Kordeln haben mehrere Edelstahl- (Haltbarkeit) und Kupferleiter (Leitfähigkeit). Eine hohe Leitfähigkeit ist zwischen 0,08 und 0,25 Ω/m zu erwarten. Durch ihr höheres Eigengewicht muss ihre Spannung regelmäßig korrigiert werden, damit sie nicht durchhängen. Aufgrund des hohen Anteils nicht leitfähigen Materials im Querschnitt werden sie an Verbindungsstellen mit leitfähigen Seilverbindern aus Metall verbunden.

Litzen wird wegen ihrer geringen Zugfestigkeit und der schlechteren Sichtbarkeit eine geringe Hütesicherheit unterstellt, doch bieten diese bei Sturm, Schneefall oder Eisregen wenig Widerstand und neigen nicht dazu, unter einem hohen Eigengewicht den ganzen Zaun niederzureißen. Litzen können an Anschlussstellen mit einem Achter- oder Weberknoten verbunden werden. Zäune in „Leichtbauweise", aber auch alle anderen Zäune müssen regelmäßig durch die Tierbesitzer oder durch den Stallbetreiber kontrolliert werden.

Die höchste Hütesicherheit auf dem Stromzaun erreicht man durch Verwendung hochwertiger Elektroseile und Litzen. Die Leitfähigkeit schränken Strombrücken (knackendes Geräusch und überspringender Funke) durch defekte Isolatoren, einen zu geringen Abstand zwischen stromführender Querverbindung und leitfähigen Pfosten aus nassem Holz oder Metall oder starker Bewuchs in den Zaun ein. Auch Rost an Verbindungsstellen isoliert! Diese Mängel müssen Sie grundsätzlich sofort abstellen. Gebrochene Drähte – durch mechanische Belastung, Witterungseinflüsse und nachlässige Lagerung spüren Sie nur mit speziellen Digitalvoltmetern auf. Zur täglichen und schmerzfreien Überprüfung der Leitfähigkeit des

Zaunes verwenden Sie am besten ein preiswertes Zaunprüfgerät, das gleichzeitig Auskunft über den Ladestand des Stromgeräts gibt. Alternativ nehmen Sie ein etwa zehn Zentimeter langes Grasblatt zwischen die Finger und legen es an den Zaun. Es kitzelt oder pulsiert in den Fingern, wenn Strom fließt. Auf Weiden, die im Winter nicht genutzt werden, sollten Bänder, Seile oder Litzen grundsätzlich abgebaut werden.

Im Eingangsbereich können Holzstangen mit Strom oder stromführende Gummikordeln als Alternative zu festen Toren aus Holz oder Metall die Weide sicher verschließen. Metallspannfedern sind aufgrund der Verletzungsgefahr für Pferde grundsätzlich ungeeignet. Mobile Zäune bestehen in der Regel aus Kunststofftretpfählen oder Metallpfosten. Dort müssen im Torbereich wegen der erhöhten Stabilität immer Pfosten aus Holz oder Metall eingeschlagen werden. Im Eckbereich aber auch auf langen Geraden empfehlen sich feste Holzpfosten oder Metallpfosten (Winkelstahlpfahl, Metalleckpfähle) zur Stabilisierung.

Strom muss sein – Weidezaungeräte

Die Auswahl des richtigen Weidezaungeräts hängt vor allem von der Zaunlänge, dem Bewuchs und dem Wunsch nach Mobilität ab, außerdem ob ein verfügbares 230 V-Netz vorhanden ist.

Netzgeräte mit 230 V sind eine auf Dauer preiswerte und wartungsarme Lösung, die in der Regel in Stallnähe gewählt wird. Diese Geräte arbeiten vor allem bei langen Zäunen zuverlässig. Hier müssen aber die besonderen sachgemäßen Installationsbedingungen und ein leistungsfähiger Blitzschutz zum Schutz der gesamten Haus- und Hofelektrik (Brandschutz!)

Sachgemäßer Betrieb von E-Zäunen in Anlehnung an VDE

- Stacheldraht darf nicht unter Strom gesetzt werden.

- Je Elektrozaun darf nur ein Weidezaungerät angeschlossen sein.

- In feuergefährdeten Betriebsstätten, wie Scheunen oder Garagen für Heu- oder Strohlager oder in der Nähe von Tanks, dürfen keine Weidezaungeräte installiert sein.

- Beim Betrieb eines Weidezaungeräts in einer nicht feuergefährdeten Betriebsstätte muss vor der Zaunzuleitung in das Gebäude im Freien ein Blitzschutz installiert werden.

- Die Erdung von Weidezaungeräten muss unabhängig von allen anderen Erdungssystemen und mit einem Mindestabstand von 10 Metern zur Schutzerde des Stromnetzes erfolgen.

- An öffentlichen Straßen und Wegen müssen Elektrozäune im regelmäßigen Abstand von etwa 100 Metern mit deutlich sichtbaren Warnschildern gekennzeichnet sein.

beachtet werden. Für Umtriebsweiden ohne Netzanschluss sind Weidezaungeräte mit wiederaufladbaren 12 V Autobatterien günstig hinsichtlich Betriebskosten und Umweltschutz. Nachteil sind die kurzen Ladeintervalle. Außerdem gibt es Weidezaungeräte, die mit vergleichsweise teuren 9 V Trockenbatterien betrieben werden. Deren Lebensdauer beträgt je nach Zaunlänge und Beanspruchung bis maximal ein Jahr bei 72 oder 96 Ah (Amperestunden). Solarpanels sind aufgrund hoher Anschaffungskosten immer noch eine kostspielige Lösung und bei anhaltend schlechter Wetterlage nur mit zusätzlichem Akkueinsatz einigermaßen betriebssicher. Fest auf Stalldächern installierte Solaranlagen sind ebenso wie kleine Zaunmodule ein beliebtes Diebesgut.

Die Hütespannung und Impulsenergie sind wichtige Leistungsparameter eines Weidezaungeräts. Die Hütespannung für „leicht zu hütende Tiere" wie alle dünnfelligen Pferderassen, muss an jeder Stelle des Zauns wenigstens 2000 V betragen. In der Praxis sind für alle, auch „schwer zu hütenden Tieren" wie Nordponys, die aufgrund einer sehr dicken Mähne einen hohen „Übergangswiderstand" haben, sowie bei trockenen Böden, eine Hütespannung von wenigstens 4000 V angemessen.

1 Ein sorgfältig ausgemähter Zaun gewährleistet sicheren Stromfluss.
2 Moderne Solar-Weidezaungeräte sind handlich und aufgrund des hohen Preises der Solarmodule bei Dieben und Hehlern sehr gefragt. Vorsicht vor unglaublich günstigen Angeboten im Internet und auf Anzeigenmärkten!
3 Bei Wind- und Schneelast sind Bänder klar im Nachteil.

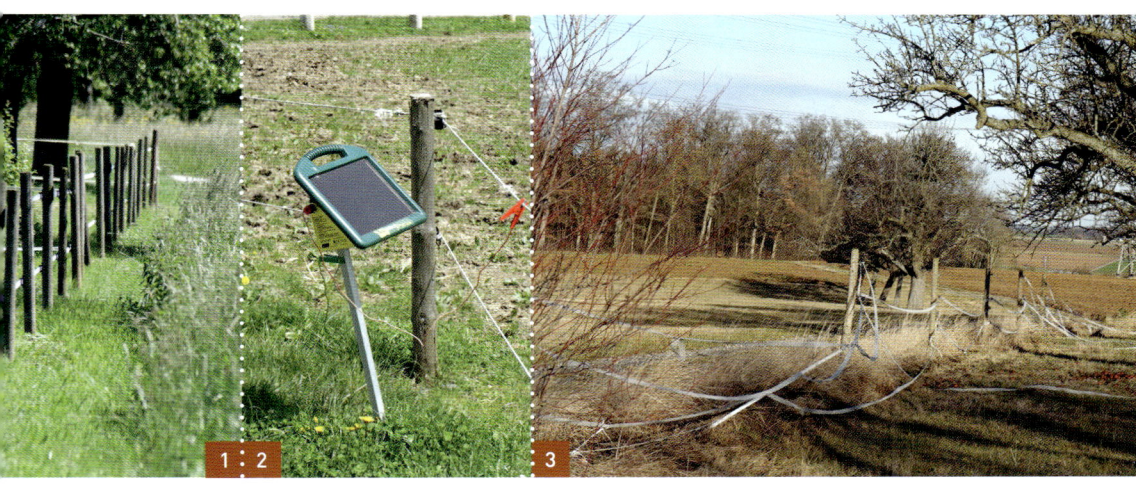

Fitness im Freien   141

1 Flott, aber nicht in wilder Hatz kommen diese Pferde vom Koppelgang zurück.
2 Klein, aber zweckmäßig ist dieser Unterstand mit Selbsttränke auf einem 24/7-Sommerabteil für zwei Pferde.

Von der Höhe der „Impulsenergie" ist die Stärke des gefühlten Schmerzes, den ein Tier bei Berührung empfindet, abhängig. Um keine Verletzungen oder Gesundheitsschäden zu verursachen, darf die maximale Impulsenergie höchstens 5 Joule bei 500 Ω Widerstand betragen. Einfluss auf die Wahl der richtigen Impulsenergie hat neben allen wichtigen Zaunparametern auch die Anzahl der stromführenden Leiter. Im Internet finden Sie bei vielen Herstellern und Vertreibern von Weidezaungeräten Elektrozaunrechner, mit denen Sie den passenden Gerätetyp finden.

Das leistungsfähigste Weidezaungerät hat keinen Nutzen, wenn die Erdung nicht fachgerecht ist. Die Anzahl und Länge der Erdpfähle ist neben der Bodenart und -feuchte abhängig von gerätespezifischen Eigenschaften, die in den Technischen Daten der Geräte angegeben sind. Trockene, sandige oder steinige Böden leiten sehr schlecht. Erdstäbe (Mindestlänge ein Meter) müssen aus rostfreiem leitfähigem Material sein, also feuerverzinkt oder aus Edelstahl. Sind mehrere Erdstäbe nötig, müssen diese in 3 Meter Abstand zueinander so tief im Boden eingeschlagen werden, dass sie feuchte Bodenschichten erreichen.

Raus auf die Weide

Am Weg von oder zur Weide scheitert nicht selten der dringend benötigte Koppelgang für Pferde, denn viele Betriebe bieten keinen Koppel-Bring- und Holdienst an. Vielfach lassen schwierige Haftungsfragen Stallbetreiber vor diesem Service zurückschrecken: Die Aufgabe ist, für Pferde ebenso wie für das Personal, vergleichsweise unfallträchtig. Rempeln, Ziehen und Losreißen sind einige Verhaltensmuster, die bei Pferden mit einem erheblichen Bewegungsbedürfnis häufig zu beobachten sind. Das bringt nicht nur das zu betreuende Personal, sondern auch Stallkollegen in Gefahr und nicht zuletzt durch wilde Galoppaden am losgerissenen Strick kann das Pferd sich selbst schwer verletzen. Pferde sollten täglich bei jedem Wetter mehrere Stunden Auslauf erhalten, um sich an wechselnde Bedingungen zu gewöhnen. Auf dem Weg zur Weide müssen Pferde jeden Alters lernen, in ruhigem Tempo mitzugehen und sich erst abhalftern lassen, bevor sie davonspringen. Hierzu sollte der Führer das Pferd nach dem Schließen des Koppeleingangs immer mindestens zwei Pferdelängen weit in die Weide hinein führen, zum Ausgang drehen und in Ruhe abhalftern. Erst auf Kommando darf das Pferd sich wegbewegen. Ideal sind Treibgänge zwischen Stall und Weide für Ställe, die größere Pferdegruppen zu handeln haben. Diese sollten wenigstens vier Meter breit und in Kurvenbereichen abgerundet sein, damit Pferde ohne Drängeln aneinander vorbei können.

Bei Top-Erziehung dürfen es auch ein paar mehr sein, wobei der Führende alle Pferde im Auge haben sollte.

Versichert ist sicher

Spätestens beim Thema Koppelhol- und -bringservice sollte die Frage nach nötigen Versicherungen erwähnt werden: Mit einer Obhutsversicherung, die Bestandteil einer Betriebshaftpflichtversicherung sein kann, sind Schäden an Pensionspferden versichert, für die der Stallbetreiber oder sein Personal ursächlich verantwortlich sind. Die Tierhüterhaftpflichtversicherung kommt nur für Schäden von Dritten auf, die z. B. durch ein Pferd verursacht werden, das sich auf dem Weg zur Koppel aus der Hand des Stallbetreibers losreißt und einen Schaden verursacht. Für den Pferdebesitzer wiederum muss eine Tierhalterhaftpflichtversicherung selbstverständlich sein, um sich vor hohen finanziellen Forderungen zu schützen, wenn Schäden an Dritten durch das Pferd entstehen.

Unterstände und Wetterschutz-Bäume

Pferde in naturnahen Haltungen zeigen, dass es für die Tiere durchaus ohne Komfortverlust und gesundheitliche Beeinträchtigung möglich ist, das ganze Jahr über auf der Weide zu leben. Voraussetzung dazu sind Zonen, die sie als Schutz vor Hitze und anhaltenden Niederschlägen aufsuchen können. Dies können während der Vegetationszeit Laubbäume oder mächtige Nadelbäume sein. In ihrem tief verwurzelten Sicherheitsbedürfnis ziehen Pferde eine gute Rundumsicht dem Schutz vor Wind und Wetter vor, was erklärt, weshalb Pferde sich gerne auf windexponierten höheren Standorten einer Weide aufhalten.

Feste Hütten, Unterstände oder Weidezelte sind für Pferdehalter in der Regel genehmigungspflichtig. Besonders streng wird das in Natur- und Landschaftsschutzgebieten verfolgt, wenngleich die naturnahe Pferdehaltung besonders auf diesen Flächen durchaus wertvolle ökologische Pflegeleistungen übernimmt. Der Pferdehalter gerät in den nicht lösbaren Konflikt zwischen der Forderung nach einem Wetterschutz seiner Tiere durch die Veterinärbehörde und einem Verbot dafür von Seiten der Naturschutzbehörden! Fest installierte und stark frequentierte Unterstände sollten einen gut drainierten, wasserdurchlässigen aber gut befestigten Boden, beispielsweise mit Paddockplatten, aufweisen.

Weidezelte müssen ebenso wie Weidehütten sicher und sturmfest im Boden verankert sein. Hersteller von mobilen Weidehütten werben mit Mobilität. Jedoch sind diese selten so mobil und in ihren Dimensionen gleichzeitig pferde- und straßentauglich, dass ihr Transport ohne schwere und geländegängige Zugfahrzeuge möglich wäre.

Wo immer möglich, sind hochstämmige Obstbäume langfristig gute und pflegeleichte Schattenspender und im

Hier schmecken Gras und Kräuter besser als die frisch gepflanzten Schattenspender der Streuobstwiese.

Hinblick auf Vergiftungen unbedenklich. Als Wetterschutz eignen sich auch viele standorttypische Laubbäume, vor deren Pflanzung der Pferdehalter mit einem Blick in die Giftpflanzendaten der Uni Zürich im Internet eine mögliche Vergiftungsgefahr abklären sollte. Exotische Arten sind zu meiden, denn sie haben einen zweifelhaften ökologischen Wert und sind häufig die Ursache von ungeklärten Gesundheitsstörungen.

Jungbäume müssen vor dem Anfressen der Rinde geschützt werden. Bewährt haben sich drei bis vier stabile Pfähle, an die man ausreichend eng mehrere Querlagen stabiler Holzlatten schraubt.

Gesundheitsmanagement

Pferde sind hervorragend an Wind und Wetter angepasst. Wer das umfangreiche Deckenangebot des Reitsportfachhandels rund ums Jahr betrachtet und vor allem im Winterhalbjahr einen Blick in die Ställe wirft, mag dies jedoch nicht glauben. Schließlich spricht unser eigenes Kälteempfinden auch für einen dicken Pulli. Doch selbst hochblütige Pferde mit seidenem Fell sind extrem klimafest. In ihren Herkunftsgebieten wie den Wüsten der arabischen Halbinsel (Araber) oder Nordafrikas (Berber) und den zentralasiatischen Halbwüsten liegen selbst im Sommer die Nachttemperaturen nicht selten um den Gefrierpunkt, während am Tag brüllende Hitze herrscht. In den ursprünglichen Steppengebieten, aus denen Pferde stammen, gibt es niederschlagsarme, heiße Sommer und bitterkalte Winter. Im Winter schützt ein dichtes Winterfell Pferde vor Kälte und Wärmeverlust. Das Haarkleid von Südpferden und allen blutbetonten Rassen ist dabei viel feiner, aber auch in unseren Breiten ausreichend effizient – wie der dichte Pelz von Nordponys. Diese haben neben manchmal mehrere Zentimeter langen Wollhaaren eine dichte Unterwolle. Direkt auf der Haut sorgt eine dicke Talgschicht dafür, dass von außen kaum Nässe auf die Haut gerät und das Pferd auskühlt. Fell, Talg, die gut durchblutete Haut und das Unterhautfett sind jeder Hightech-Membran weit überlegen. Die thermoneutrale Zone, in der der Pferdestoffwechsel im Normalprogramm läuft, liegt zwischen minus 15 °C (bei Nordpferden noch niedriger) und plus 25 °C (bei Südpferden wie Arabern und Berbern höher). Liegen die Temperaturen unter diesem Bereich und das Winterfell reicht allein nicht mehr aus, um den Wärmeverlust zu begrenzen, können Pferde durch Muskelzittern Wärme produzieren. Die Verdauung von Raufutter heizt ebenfalls ein.

Jedes Pferd passt sich im Winter durch eine Reduzierung der Aktivität, der Anlage eines dichten, isolierenden Winterfells und der Einlagerung von Unterhautfett winterlichem Klima an. Die Tageslichtlänge hat dabei Einfluss auf diese Funktionen und das Einsetzen des Fellwechsels schwankt meist nur um wenige Tage innerhalb des Jahres. Pferde bewegen sich im Winter vorwiegend im Schritt fort. Eine schnellere Fortbewegung erfolgt nur in kurzen Spielsequenzen. Der über lichtabhängige Hormone gesteuerte Fortpflanzungstrieb ist unterdrückt. Artgerecht gehaltene Pferde brauchen nur selten einen zusätzlichen Kälteschutz. Anders verhält es sich mit Nässe und hoher Luftfeuchtigkeit bei niedrigen Temperaturen. Während trockene Kälte von Pferden gut vertragen wird, geht die isolierende Wirkung des Fells schnell verloren, wenn Pferde von „innen" und „außen" nass werden. Dies kann bei starker Schweißbildung durch Arbeit oder Spiel im Regen, Schneefall oder bei nasskaltem Nebelwetter im Winterhalbjahr passieren, während allein der Aufenthalt im „Mistwetter" das Pferd nicht beeinträchtigen muss. Hier sind die Tiere sehr verschieden: Während ein Pferd bei Wind und Wetter am liebsten draußen steht und allenfalls den Hintern in Windrich-

Verschwitzt aber nicht durch und durch nass sind diese Dauerspieler.

tung stellt, um „abzuwettern", fühlt ein anderes Tier sich im Schutz eines Unterstands oder Stalls wohler. Doch obwohl uns Menschen das letztgenannte Verhalten aufgrund unseres eigenen Komfortbedürfnisses sehr viel näher ist, wollen Pferde frei wählen können. Spielsequenzen führen kaum zu extremem Schwitzen. Spielen vor allem Wallache, die im Winter nur wenige Stunden am Tag freien Auslauf haben, dennoch bis sie nass sind, so leitet das Winterfell den Schweiß wie eine Hightech-Membranfaser unmittelbar nach außen, wo es bei geringer Luftfeuchtigkeit rasch verdunstet. Die Pferde erscheinen nass und verschwitzt, sind jedoch – und das ist das Wichtigste – auf der Haut trocken.

Auskühlung droht, wenn ein verschwitztes Pferd sich beispielsweise in einer Box nicht ausreichend durch Raufutter und mäßige Bewegung aufwärmen kann. Pferde kühlen auch aus, wenn Feuchtigkeit durch Schwitzen nicht mehr ungehindert von innen nach außen transportiert und in die Umgebungsluft abgegeben wird, sondern Niederschläge oder hohe Luftfeuchtigkeit an nebelnassen Tagen das Fell an einer wirkungsvollen Verdunstung hindern. Diese Pferde können mit alten Frotteehandtüchern abgerubbelt und anschließend mit

Das Pferdefell isoliert so gut, dass nicht einmal der Schnee schmilzt.

einer hochwertigen Abschwitzdecke für einige Zeit eingedeckt werden. Die nasse Decke muss dann abgenommen werden, wenn sie keine Feuchtigkeit mehr aufnehmen kann. Nasse Decken, die möglicherweise sogar über Nacht aufgelassen werden, können die Tiere auskühlen und führen bei höheren Temperaturen unter der Decke zu einem „Treibhausklima", das Pilzerkrankungen und Ekzeme fördert.

Lassen Sie sich nicht von Pferden täuschen, die an kalten Wintertagen nach einem Ausritt oder der Arbeit auf dem Platz scheinbar trocken in den Stall zurückkehren. Solche Tiere schwitzen häufig erst mit Verzögerung nach. Verrichten Sie erst ein paar Arbeiten und bieten Sie dem nachschwitzenden Pferd die Möglichkeit sich in trockener (!) und saugfähiger Einstreu oder einem Hallenboden ausgiebig zu wälzen. Dies entspricht dem Komfortbedürfnis der meisten Pferde und gibt bereits viel Feuchtigkeit ab. Eine Abschwitzdecke erledigt die restliche Trocknung, während das Pferd vorzugsweise in einem Fressständer für diese Zeit Raufutter verzehren kann. Mit Heu wird die innere Heizung in Betrieb genommen, denn die bakterielle Verdauung im Dickdarm produziert Wärme. So sollte Pferden bei tiefen Temperaturen immer zusätzlich Raufutter angeboten werden. Bei Regen oder nasskalter Witterung sollten Sie aus Rücksicht auf das Pferd auf schweißtreibende Arbeit verzichten.Gesunde Pferde brauchen bei pferdegerechten Haltungsbedingungen keine Decke im Winter, sondern lediglich rücksichtsvolle und anpassungsfähige Reiter. Nichtsdestotrotz gibt es auch Pferde, denen eine Decke im Winter durchaus hilft. Bei älteren Pferden funktioniert die Thermoregulation oft nicht mehr so gut. Sie fühlen sich nachts, bei extremen Temperaturen aber auch tagsüber möglicherweise mit einer Decke wohler.

Der Griff zu Schergerät und Decke

Das Scheren greift massiv in die gesunde Thermoregulation von Pferden ein. Vorteile daraus ergeben sich lediglich in der kürzeren Nachschwitzphase des Pferdes. Sie sind meist der Bequemlichkeit des Reiters geschuldet, der wenig Zeit mit dem Herausstriegeln von winterlichem Koppelmatsch oder dem lästigen Frühjahrsfellwechsel verbringen will. Für das Pferd ergeben sich jedoch mehr Nachteile: Die Decken müssen mehrmals täglich umgedeckt werden, denn beim Abliegen und Wälzen verrutschen meist auch die mit guter Schnittform und können drücken. Außerdem stellen Decken ein erhebliches Verletzungsrisiko dar. Beim Spielen, Kratzen am Bauch oder Hinlegen können sich Pferde trotz größter Sorgfalt in den Bauchgurten verfangen und nicht nur sich selbst, sondern auch Herdengenossen gefährden. Im Laufstall gilt es den Einsatz von Decken genau abzuwägen und eingedeckte Pferde möglicherweise über Nacht zu separieren.

Wallache, die ausgiebig und viel spielen, sollte man nach Möglichkeit nicht eindecken, da die Verletzungsgefahr für sie und ihre Spielkameraden steigt. Sie werden durch die körperliche Aktivität kaum ein Kälteproblem haben und solche augenscheinlich „patschnass" geschwitzten Vierbeiner besitzen bei einer Überprüfung fast immer eine trockene Unterwolle!

Ziehen Pferdebesitzer eine ehrliche Bilanz, dann ist der finanzielle Auf-

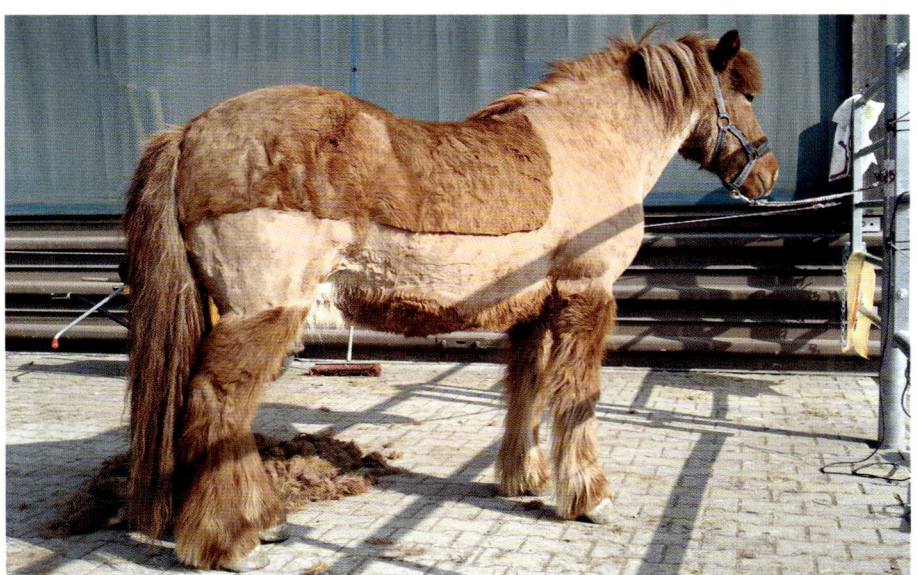

Dieses Pferd kommt krankheitsbedingt (Cushing) nicht alleine aus dem Fell. Eine maßvolle und der Jahreszeit angemessenen Schur schafft hier durchaus Wohlbefinden.

wand durch die Anschaffung verschiedener dicker, hochwertiger Decken, deren jährliche Reinigung sowie der Zeitaufwand für täglich mehrmaliges Umdecken und Kontrollieren höher, als das Putzen eines verschmutzten Offenstallpferdes und die angepasste Arbeit bei ungünstigem Wetter. Eine Decke sollten nur krankheitsbedingt geschorene Pferde, alte und kranke Pferde tragen. So sollten auch nur solche Pferde geschoren und eingedeckt werden, die auch in der Wintersaison im (großen) Sport in beheizten Hallen unterwegs sind.

Wenn Pferdedecke, dann bitte richtig

Kommt man um den Einsatz einer Pferdedecke nicht herum, dann sollten bei Passform und Materialbeschaffenheit keine Kompromisse gemacht werden, denn für das Pferd ist die Decke zuerst immer ein lästiger Fremdkörper. Der Einsatzzweck entscheidet über das Material. An eine Stalldecke für die Nacht- oder Krankenbox können geringere Ansprüche an die Robustheit gestellt werden als an eine Decke für die Winterkoppel oder den Offenstall. Die Rückenlänge ermitteln Sie ein gutes Stück vor dem Widerrist bis zum Schweifansatz. Schmerzhafte Scheuerstellen am

Buggelenk bis hin zu Fisteln am Widerrist sind nicht tolerierbare Begleiterscheinungen von schlecht sitzenden Decken. Neoprenunterlagen machen eine unpassende Decke so wenig passend wie eine dicke Sattelunterlage einen unpassenden Sattel! Besonders im Bereich von Schulter und Buggelenk muss eine gute Decke viel Bewegungsfreiheit gewähren. In Fresshaltung darf der Halsausschnitt nicht auf die tief verlaufende Wirbelsäule drücken. Die Bauchgurte müssen ausreichend kurz sein, damit das Pferd nicht hineintreten kann, aber so lange, dass sie in keiner Stellung scheuern oder drücken. Das Gleiche gilt für die Riemen an den Hinterbeinen und dem Schweif.

Arbeitsaufwändig: Pferdedecken müssen regelmäßig umgedeckt werden, denn durch Spielen und Wälzen verrutschen auch gut passende Decken und können zu Druck- und Scheuerstellen führen.

Pferdedecken werden noch immer gerne mit der Maßeinheit Dernier angegeben. Dies ist ein mittlerweile veraltetes Maß aus der Textilverarbeitung mit die Feinheit des Garnes beschrieben wird. Die neue, internationale Einheit für die Garnfeinheit ist Tex (tex). Unterschiedliche Materialien können bei gleicher Dernier(tex) zahl jedoch unterschiedlich reißfest und robust sein. Das Maß sagt auch nichts über die Dichtigkeit des Gewebes aus. Es ist lediglich eine Zusatzinformation. Je höher die Dernierzahl ist, desto stärker ist das Material. Entscheidend für die Robustheit der Decke ist das verwendete Material. Das Non-plus-ultra einer Pferdedecke ist 1200 Dernier ballistisches Nylon. Eine Decke mit 600 Dernier Nylon oder Polypropylene verrichtet aber auch gute Dienste. Ein wichtiger, von Herstellern aber selten angegebener Parameter für die Outdoortauglichkeit und damit Robustheit von Pferdedecken, ist die Wassersäule, mit der die Dichte von technischen Geweben angegeben wird. Beachten Sie, dass auch Wasserdruck auch von unten auf eine Pferdedecke wirken kann. Eine sehr viel höhere Wassersäule als Ihre Regenkleidung (1300 mm Wassersäule) benötigt eine Decke nämlich dann, wenn das schwere Pferd sich auf feuchtem Untergrund ablegt und

Druck auf das Gewebe ausübt! Thermodecken sollten mit "Thermobonded fibrefill" gefüllt sein. Fibrefill ist ein synthetisches, isolierendes Material, bei dem durch die spezielle Faserverarbeitung eine dichte aber luftige Masse entsteht. Diese Decken sind meist wasserdicht, atmungsaktiv und angenehm für das Pferd.

Der richtige Hufschutz

In Haltungssystemen mit Einzelaufstallung ist die Wahl des passenden Hufschutzes eine grundlegend persönliche Entscheidung des Pferdebesitzers und abhängig von der Nutzung, Reitweise, der Hufqualität des Pferdes und der ideologischen Sichtweise des Besitzers. Ob Eisenbeschlag, Barfußanhänger, moderner Kunststoffbeschlag oder Hufschuhe – jeder einzelne hat seine (guten) Gründe es zu halten, wie er mag. Sobald mehrere Pferde von unterschiedlichen Besitzern vergesellschaftet werden, muss ein Kompromiss gefunden werden, wenn der Stallbetreiber nicht – wohl überlegt und gut begründet – vorgibt, was erlaubt ist. Ob das einzelne Pferd grundsätzlich einen Hufschutz benötigt, hängt nicht zuletzt von der Oberflächenbeschaffenheit in Stall und Auslauf ab.

Die Angst von Pferdehaltern vor schweren Verletzungen durch Beschläge im Bewegungsstall sind meist

> **Wichtig!**
> Ist der aus freier Bewegung und Training resultierende Hufabrieb größer als der Hornzuwachs, benötigt das Pferd einen Hufschutz.

unbegründet, wenn folgende Voraussetzungen erfüllt sind: Es kommt zu keinen schwerwiegenden und verletzungsträchtigen Auseinandersetzungen unter Pferden, weil die Gruppe eine weitgehend stabile Struktur hat und alle Tiere gut sozialisiert sind. Die Eingliederung erfolgt behutsam und mit großem Sachverstand. Es besteht ausreichend Platz zum Ruhen, Spielen und Ausweichmöglichkeiten für rangniedere Tiere, außerdem stehen ausreichend Tränken und Futterstellen zur Verfügung. Viele Haltungen zeigen,

Der Stallbetreiber muss den maximal zulässigen Hufschutz vorgeben.

dass es problemlos möglich ist, beschlagene Pferde zusammen zu halten. Lediglich auf Stollen sollte im Bewegungsstall verzichtet werden, da diese mit kleiner Ursache große Verletzungen verursachen könnten.

Aus dem richtigen Blickwinkel
Wenn wir Pferdehaltungen beurteilen – die unserer eigenen Tiere oder die anderer – so müssen wir uns stets bewusst sein, dass wir es stellvertretend für die Pferde tun. Unsere Vierbeiner haben weder Entscheidungs- noch Handlungsvollmacht. Pferde haben, wie Sie es auf den vorangegangenen Seiten oft genug lesen konnten, meist ganz andere Entscheidungskriterien für das, was sie gut und komfortabel finden und das, was unserem Komfortverhalten entgegenkommt. Entsprechend kritisch sollten wir unser Urteil oder die konkrete Wahl einer bestimmten Haltungsform auf Pferdegerechtigkeit hinterfragen und das in jeder Hinsicht. Vielfach stehen nämlich wir Menschen mit unseren Bedürfnissen, Wünschen oder Zielsetzungen einer verhaltensgerechten Haltung unserer Tiere im Weg.

Kann das Pferd wirklich nur sportliche Höchstleistung bringen, wenn es in einer Einzelbox steht? Fühlt mein Pferd sich im Bewegungsstall wirklich so unwohl, wenn der Quarter-Wallach des chauvinistischen Cowboys mit dem dicken Pickup provozierend (wen eigentlich?) den Kopf schwenkt. Fühlt es sich in seiner Existenz wirklich bedroht, wenn die dicke Ponystute der ständig ungefragt über ihre jahrzehntelangen Offenstallerfahrungen dozierende Besitzerin es vom Kraftfutterautomaten wegdrängelt. In vielen Gruppenhaltungen ist zu beobachten, dass das größte Problem weniger die Pferde untereinander haben, sondern die dazugehörigen Menschen. Sie stehen stets unter dem Druck, ihre eigenen Rangordnungen – gemessen an ihren persönlichen Maßstäben – durchzusetzen und zu zementieren. Allzu gerne entkommen Pferdebesitzer diesem unsinnigen Druck nur, indem sie „My box is my castle" erklären und ihren Sattelschrank zum Hoheitsgebiet erklären. Den Pferden ist dieses Abgrenzungsverhalten völlig fremd. Ihnen ist Gesellschaft und frei gewählte Sozialkontakte viel wichtiger als Abgrenzung. In ihrem Verhaltensrepertoire verfügen sie über eine Vielzahl von Deeskalationsstrategien. Konflikte sind Teil des Gruppenverhaltens, aber das Bewusstsein, nur gemeinsam stark und sicher zu sein, ist ausgeprägter. Entsprechend wohl fühlt sich die weit überwiegende Zahl von Pferden unter ihresgleichen.

Wer sich für eine verhaltensgerechte Haltung entschieden hat, sollte alle Aspekte der Pferdenutzung als Basis für Wohlbefinden und Gesundheit beachten: Leistungsanforderungen müssen alters- und ausbildungsgerecht sein sowie auf einem systematischen und pferdegerechten Training basieren. Physische und psychische Überforderung macht Pferde ebenso krank wie Langeweile und körperliche Unterforderung eines im Offenstall geparkten Vierbeiners. Auch das Equipment muss auf jedes Pferd abgestimmt sein. Sättel, Zäumungen und Gebisse müssen den körperlichen Möglichkeiten und dem Ausbildungsstand entsprechen und dürfen keinen kurzlebigen und ungeprüften Trends, Szenezwängen oder blindem Nachahmungseifer entspringen.

Wir sind als Pferdehalter jeden Tag aufs Neue gezwungen, unsere Entscheidungen auf den Prüfstand zu stellen: Werden sie den Bedürfnissen unserer Pferde gerecht? Wenn wir diese Frage mit JA beantworten können, steht einem harmonischen Miteinander von glücklichen, gesunden Pferden und zufriedenen Besitzern nichts im Weg.

Mensch und Pferd in harmonischer Einheit zu gemeinsamen Zielen.

Service

Nützliche Adressen und Links

Bundesministerium für Ernährung, Landwirtschaft und Verbraucherschutz
www.bmelv.de

Bundesamt für Veterinärwesen Schweiz
www.bvet.ch
www.meinheimtier.ch

Tierärztliche Vereinigung für Tierschutz e.V.
www.tierschutz-tvt.de

Tierschutz Schweiz
www.tierschutz.com

Lauf-Stall-Arbeitsgemeinschaft e.V.
www.lag-online.de

Jamie Jacksons Homepage
www.paddockparadise.com

Online-Magazin rund um artgerechte Pferdehaltung und aktives Reiten
www.töltknoten.de

Auf der Suche nach artgerechten Ställen
www.stallfrei.de

Anregungen zum Stallbau
www.active-horse.com
www.aktivstall.de
www.mho-offenstalltechnik.de

Kuratorium für Technik und Bauwesen in der Landwirtschaft
www.ktbl.de

Zum Weiterlesen

Arnold, Dietbert: Pferdewirtprüfung Formeln und Faustzahlen, Bd. 3, Norderstedt, 2010

Bender, Ingolf: Praxishandbuch Pferdehaltung, Stuttgart, 2006

Bundesamt für Veterinärwesen BVET: Pferde (tiererichtighalten.ch), Schweizerische Eidgenossenschaft, 2011

Bundesministerium für Ernährung, Landwirtschaft und Verbraucherschutz (BMELV): Leitlinien zur Beurteilung von Pferdehaltungen unter Tierschutzgesichtspunkten, 2009

Gräf, Uta: Feines Reiten auf motivierten Pferden – Erfolg durch pferdegerechte Ausbildung und Haltung, FN Verlag, Warendorf, 2012

Hoffmann, Gerlinde: Orientierungshilfen Reitanlagen- & Stallbau, Warendorf 2009

Jackson, Jaime W.: Paddock Paradise: A Guide to Natural Horse Boarding, California, 2006

Käsmayr, Regina, Koch, Sigrid: Pferde im Laufstall, Planungshilfen für die artgerechte Haltung, Herausgeber Laufstall-Arbeits-Gemeinschaft e.V. (LAG)

KTBL Datensammlung Pferdehaltung – Planen und kalkulieren, Kuratorium für Technik und Bauwesen in der Landwirtschaft e.V. (KTBL), Darmstadt, 2012

Marten, Jens: Leitsatz: Bauliche Anlagen für die Pferdehaltung, Kuratorium für Technik und Bauwesen in der Landwirtschaft e.V. (KTBL), Darmstadt, 2000

Methling, Wolfgang, Unselm, Jürgen (Hrsg.): Umwelt- und tiergerechte Haltung von Nutz-, Heim- und Begleittieren, Blackwell Wissenschafts-Verlag Berlin, 2002

Mills, Daniel S., The Encyclopedia of Applied Animal Behaviour and Welfare, CAB International, 2010

Romanazzi, Tanja: Baugenehmigungen für Pferdeställe, Großröhrsdorf, 2012

Romanazzi, Tanja: Der Aktivstall, Großröhrsdorf, 2009

Romanazzi, Tanja: Offenstallvariationen aus aller Welt, Großröhrsdorf, 2011

Schmidt, Romo: Pferde artgerecht halten, Offenstall-Laufstall-Bewegungsstall, Stuttgart 2011

TVT Tierärztliche Vereinigung für Tierschutz e.V., Arbeitskreis 11 Pferde: Positionspapier zu den „Leitlinien zur Beurteilung von Pferdehaltungen unter Tierschutzgesichtspunkten", 2005

van Dahmsen, Birgit, Schmidt, Romo: Für Pferde umbauen, Schwarzenbek, 2012

Buchtipps aus dem Kosmos-Verlag

Amler, Ulrike: Mein Pferd, Verhalten verstehen, Fütterung und Haltung, Natürlich gesund, Reiten und Umgang, Pferdepflege; KOSMOS 2010
Umfassend, kompetent und praxisnah informiert dieser Ratgeber über die Bedürfnisse von Pferden, ihr Verhalten und den richtigen Umgang mit dem Pferd.

Bender, Ingolf: Praxishandbuch Pferdeweide, Anlage, Kauf und Pacht, Weidemanagement, Heu und Silage, Pflege, Düngung; KOSMOS 2013
Das bewährte Praxishandbuch für Amateure und Profis. Ingolf Bender vermittelt wissenschaftlich fundierte Erkenntnisse und gut verständliche, leicht umsetzbare Anleitungen zur Anlage und Pflege von Pferdeweiden.

Hembes, Silke: Der Weg zum guten Reiten, Motivierende und klare Hilfen; KOSMOS 2012
Die Suche nach einer pferdefreundlichen Form der Ausbildung führte Silke Hembes zum klassischen dressurmäßigen Reiten. Hier präsentiert sie ein grundsolides Basisprogramm, von dem Dressur-, Western- und Gangpferdereiter gleichermaßen profitieren. Durch konsequente positive Verstärkung und den Verzicht auf Strafe werden die Pferde zu motivierten Freizeitpartnern.

Koslowsky, Sylvia: Pferdekrankheiten, Von Abszess bis Zahnstein, Symptome, Diagnose, Therapie; KOSMOS 2011
Was verbirgt sich hinter Spat, Schale oder Hufrehe? Woran erkennt man die Krankheit und welche Therapiemöglichkeiten gibt es? Die alphabetische Sortierung ermöglicht ein leichtes Auffinden der gesuchten Erkrankung. Gründlich und kompakt wird über Diagnose, Symptome und mögliche Therapien informiert.

Schöning, Dr. Barbara: Pferdeverhalten, Körpersprache und Kommunikation, Probleme lösen und vermeiden; KOSMOS 2008
Diese moderne Verhaltenslehre erklärt wissenschaftlich fundiert und dennoch verständlich, wie und warum Pferde ein bestimmtes Verhalten zeigen und welche Konsequenzen dies für einen artgerechten Umgang hat.

Register

Abmisten, maschinell 86
Abmisten, tägliches 39
Abmulchen 49
Abschwitzdecke 146
All inclusive-Angebote 36 ff.
Allergien 6, 46
Altersstruktur der Herde 117
Ammoniak 38, 59
Anbindehaltung 64
Anweiden 136 f.
Arbeitsgeräte 48 f.
Artgerechte Haltung 5 ff.
Arthrose 30, 127
Atemwegserkrankungen 6, 12, 30, 59
Aufzuchtphase 70
Ausgrenzungsverhalten 128
Auskühlung 146
Ausläufe, pferdegerechte 80 ff.
Außenbox mit Kleinauslauf 69
Außenplatz 23
Automatisierung der Futteraufnahme 17

Beleuchtungsdauer 61
Beschwichtigungsverhalten 113
Besichtigungstermin 37
Betriebsplanung 50
Bewegung 74 ff.
Bewegungsanlagen 23
Bewegungsanreiz 79
Bewegungsbedürfnis 12, 115
Bewegungsmangel 6
Bewegungsstall 25 ff.
Biogasanlagen 106
Blut-Calcium-Spiegel 60

Bodenarbeit 71
Boxen 23, 64 ff.
Boxenbelegung 65
Boxenhaltung 6, 38

C:N-Verhältnis 109
Cellulose-Pellets 96
Cushing 30, 147

Diffusionssprührröhrchen 59
Do it yourself-Lösungen 43 ff.
Dunglagerstätte 105
Dunglegen 105

Eingliederung 117 ff.
Eingliederungsbox 122
Einstellvertrag 38, 41
Einstreu 95 ff.
Einstreumanagement 101 f.
Einzelboxen, Mindestmaß 67
EMS-Pferde 30, 135
Equines Metabolisches Syndrom (EMS) 30, 135
Erkrankungen des Bewegungsapparates 12, 76
Ernährungsbedingte Krankheiten 30

Familiengruppen 15
Fellpflege, soziale 18, 72
Fellwachstum 61
Fellwechsel 18, 145
Flächenbemessung 55
Fluchtbalken 74
Freies Spiel 72
Fressplatzzahl 70
Frischluftbedarf 57 f., 144 ff.
Frischluftzufuhr 58
Frostfestigkeit 82 f.
Führanlage 23 f.
Funktionsbereiche 73

Futteraufnahme, automatisierte 17
Futterkonkurrenz 70, 126
Futtermenge 70
Futterqualität 135
Futterraufen 50
Fütterung, individuelle 70
Futterunverträglichkeiten 46

Gehölze 89 f.
Gemischte Herde 116
Genehmigungsverfahren 44, 55
Geräteunterstand 49
Geschlechtstypisches Verhalten 18, 129
Gesundheitsmanagement 144 f.
Giftige Gehölze 87, 89, 93 f.
Giftpflanzendatei der Uni Zürich 143
Gnadenbrothof 52
Grundwasserschutz 104
Gruppen zusammensetzen 112 ff.
Gruppenauslaufstall 72 ff.
Gruppengröße 112 ff.
Gruppenhaltung 69 ff.
Gruppenlaufstall 70, 111 ff.
Gummimatten 96, 100

Haltergemeinschaften 35, 45 f.
Haltung, artgerechte 5 ff.
Haltungskonzept 46
Hanfstroh 97 f.
Hecken 88
Hengste in der Herde 129 f.
Hengstgruppen 15
Herdenerfahrung 118

Herz-Kreislaufstörungen 76
Heunetze 79
Holzspäne 99
Holzzäune 92
Hufabrieb 149
Hufeisen 123
Hufrehe 30, 46, 127, 135
Hufschutz 148 ff.
Hütesicherheit 91, 137 f.

Individualdistanz 16, 115
Integration 120 ff.
Investitionen 47 f.
Junggesellengruppen 15
Jungpferde 31, 117

Kaltstall 58
Keimgehalt 59
Kleinhaltungen 44
Klimareize 72, 144 f.
Knochenfehlbildungen 60
Kohlendioxidgehalt 59
Koliken 137
Komfortbedürfnis 146
Komfortverhalten 72
Kompostmiete 107
Kontaktbedürfnis 16
Kopper 30
Körperliche Handicaps 127
Körperpflege 18
Körperpflegestationen 70, 89
Körpersprache 10
Kosten für Unterbringung 23
Kraft- und Raufutterautomaten 77

Lachgas 60
Landmaschinen, gebrauchte 50

Laufanreize 77
Laufbänder 23 f.
Laufstallarbeitsgemeinschaft (LAG) 36
Leinstroh 99
Licht 60 f.
Lichtbedürfnis 14, 57, 60 ff.
Lichtmangel 14, 60
Liegebereich 74
Luftqualität 57 f.

Methan 60
Missverständnisse 10
Mistentsorgung 104 f.
Mistkompostierung 106 ff.
Mistlagerung 104 f.
Mistmatratzen 38, 60, 102 f.
Mobile Weidehütten 143
Mobile Zäune 138 f.

Naturboden 82

Offenstall 58, 78
Offenstopfhaltungen 126

Pachtvertrag 48
Paddock Paradise 78
Paddock Trail 78
Paddockboxen 23, 64 ff.
Paddockmatten 79
Paddockumzäunung 91
Paddockzäune 90 ff.
Pensionsstall 35
Pferdebetten 100
Pferdedecke 58, 146 f.
Pferdediabetes 30
Pferdehaltung in Eigenregie 43 ff.
Pferdehaltung, rechtliche Regelungen 55

Pferdekommunikation 126
Pferdezäune 137 f.
Pilzbelastung 98 f.
Probleme des Bewegungsapparates 30

Qualität des Betriebes 37

Rangordnung bestimmen 16, 113
Rassismus 115
Rehepferde 46, 135
Reitbeteiligung 24
Reithengst 116, 130
Reitplatzvlies 85
Relative Luftfeuchtigkeit 58
REM-Schlaf 95
Rentnerpferde 31, 127
Rosse 19
Roundpen 23
Ruhebereich 73 f.
Ruheverhalten 95
Ruhezeiten 17

Sachkenntnis 71
Sachkundenachweis 35, 46
Sandbäder 18
Schadensstatistik 21
Schadgaskonzentration 59
Schattenplätze 88
Schlagverletzungen 123
Schur 147
Schwefelwasserstoff 60
Schweizer Auslaufjournal 68
Schwerfuttrige Pferde 46
Schwitzen 145
Sehnenschäden 127
Selektionstor 77, 81
Slowfeeder 79
Solarpanels 140
Soziale Fellpflege 72
Sozialkontakt 16, 72

Sozialverhalten, artgerechtes 70
Stacheldraht 137
Stall auswählen 23 ff.
Stall bauen 44
Stallbesichtigung 38 f.
Stalleinrichtung 50
Stallklima 42, 56 ff.
Stallmatten 100
Stallplatzbörse 36
Stalltemperatur 58
Ständerhaltung 64
Staubbäder 18
Staubentwicklung 59, 82 f., 97
Stauwasserbildung 85
Steh- und Ruhetage 41
Steifheit 6
Strahlfäule 59
Stress 25, 72, 126
Strohmehl 99
Strohpellets 98
Strombänder 91, 138
Stromgenerator 49
Stromzaun 138 f.

Tag-/Nachtrhythmus 63
Tageslicht 14 f., 145
Technische Anlagen 77
Thermoregulation 14, 57 f., 146 f.
Tieflaufställe 103
Track 78 f.
Tragschicht 84
Tränke, beheizte 48
Transpondergestützte Futterstationen 70, 79
Trennschicht 82 f.
Tretschicht 82 f.
Trittsicherheit 77
Trittiefe 86

Umweltreize 17, 72
Unausgeglichenheit 65
Unterbringungskosten 23

Unterlegenheitskauen 113
Unterstände 143

Verbissschutz 88
Verdauungsstörungen 12, 76, 137
Verhaltensstörungen 6, 12, 16
Verletzungsgefahr 131 f.
Vitamin D3 60
Vitamin D-Synthese 14
Vollpension 36 ff.

Wallacherde 116
Wälzzonen 77
Warmstall 58
Wasserabführung 82
Wasserschutz 44
Wechselstrohverfahren 101
Weichholzhackschnitzel 100
Weidemanagement 135
Weidezäune 137 f.
Weidezaungeräte 50, 140 f.
Weidezeiten 136 f.
Weidezelte 143
Wetterschutz-Bäume 143
Windbrechnetze 88
Winterfell 61, 144 f.
Witterungsschutz 73 f., 88
Wurmkompost 110
Wurmmiete 110

Zaunmaterial 50
Zauntechnik 137 f.
Zeitgesteuerte Raufutterstationen 79
Zivilisationskrankheiten 6, 76
Zugluft 58
Zwangsvergesellschaftung 113

Bildnachweis
Mit 138 Fotos von Ulrike Amler.

Impressum
Umschlaggestaltung von eStudio Calamar unter Verwendung zweier Farbfotos von Ulrike Amler.

Herzlichen Dank allen Stallbetreibern, Pferdebesitzern und Reitern, die mit mir ihre Erfahrungen aus der Pferdehaltung geteilt haben sowie mit Wünschen und Anregungen aber auch stimmungsvollen Fotomotiven zu diesem Buch beigetragen haben.

Mit 138 Farbfotos.

Alle Angaben und Methoden in diesem Buch sind sorgfältig recherchiert, erwogen und geprüft. Sie entbinden den Pferdefreund nicht von der Eigenverantwortung für sein Tier und sich selbst. Die Anwendung der beschriebenen Methoden liegt in eigener Verantwortung. Der Verlag und die Autorin übernehmen keine Haftung für Personen-, Sach- oder Vermögensschäden, die aus der Anwendung der vorgestellten Materialien und Methoden entstehen.

Unser gesamtes lieferbares Programm und viele weitere Informationen zu unseren Büchern, Spielen, Experimentierkästen, DVDs, Autoren und Aktivitäten finden Sie unter **kosmos.de**

Gedruckt auf chlorfrei gebleichtem Papier

© 2013, Franckh-Kosmos Verlags-GmbH & Co. KG, Stuttgart
Alle Rechte vorbehalten
ISBN 978-3-440-12611-0
Redaktion: Katja Pauls
Gestaltungskonzept: eStudio Calamar
Gestaltung und Satz: akuSatz, Stuttgart
Produktion: Nina Renz
Printed in Slovakia / Imprimé en Slovaquie